C Traps and Pitfalls 中文版

- C語言大師經典名作至今仍然歷久不衰
- 幫助你避開編寫C語言時各種意外陷阱
- 無論是新手老手高手都應該要案頭備存

Andrew Koenig 著・高巍 譯・王昕、博碩文化 審校

作　　者：Andrew Koenig
譯　　者：高巍
責任編輯：魏聲圩
董 事 長：蔡金崑
總 編 輯：陳錦輝

出　　版：博碩文化股份有限公司
地　　址：(221) 新北市汐止區新台五路一段 112 號 10 樓 A 棟
電話 (02) 2696-2869　傳真 (02) 2696-2867

發　　行：博碩文化股份有限公司
郵撥帳號：17484299
戶　　名：博碩文化股份有限公司
博碩網站：http://www.drmaster.com.tw
服務信箱：dr26962869@gmail.com
訂購專線：(02) 2696-2869 分機 238、519
（週一至週五 09:30 ~ 12:00；13:30 ~ 17:00）

版　　次：2019 年 11 月初版一刷

建議零售價：新台幣 380 元
I S B N：978-986-434-452-9
律師顧問：鳴權法律事務所 陳曉鳴

本書如有破損或裝訂錯誤，請寄回本公司更換

國家圖書館出版品預行編目資料

C Traps and Pitfalls 中文版 / Andrew Koenig 著；
高巍譯 . -- 初版 . -- 新北市 : 博碩文化 , 2019.11
面；公分
譯自 : C traps and pitfalls
ISBN 978-986-434-452-9(平裝)

1.C(電腦程式語言)

312.32C　　108019409

Printed in Taiwan

博碩粉絲團

歡迎團體訂購，另有優惠，請洽訂購專線
(02) 2696-2869 分機 238、519

商標聲明

有限擔保責任聲明

著作權聲明

我提筆寫作《*C Traps and Pitfalls* 中文版》時，可沒想到這麼多年後，這本書仍然在印行！它之所以歷久不衰，我想，可能是書中道出了 C 語言程式設計中一些重要的經驗教訓。就是到今天，這些教訓也還沒有廣為人知。

C 語言中那些容易導致人犯錯的特性，往往也正是程式設計老手們為之吸引的特性。因此，大多數程式設計師在成長為 C 語言程式設計高手的道路上，犯過的錯真是驚人地相似！只要 C 語言還能繼續感召新的程式設計師投身其中，這些錯誤就還會一犯再犯。

大家通常讀到的程式設計書籍中，那些作者總是認為，要成為一個優秀的程式設計師，最重要的無非是學習一種特定程式語言、函數庫或者作業系統的細節，而且多多益善。當然，這種觀念不無道理，但也有偏頗之處。其實，掌握細節並不難，一本索引豐富完備的參考書就已經足矣；最多，可能還需要一位稍有經驗的同事不時從旁指點，點明方向。難的是那些我們已經瞭解的東西，如何「運用之妙，存乎一心」。

學習哪些是不應該做的，倒不失為一條領悟運用之道的路子。程式設計語言，就例如說 C 語言吧，其中那些讓精於程式設計者覺得得心應手之處，也格外容易誤用；而經驗豐富的老手，甚至可以如有「先見之明」般，指出他們誤用的方式。研究一種語言中程式設計師容易犯錯之處，不但可以「前車之覆，後車之鑒」，還能使我們更諳熟這種語言的深層運作機制。

知悉本書也將出版中文版，將面對更為廣大的中文讀者，我尤為欣喜。如果您正在讀這本書，我真摯地希望，它能對您有所裨益，為您釋疑解惑，讓您體會程式設計之樂。

Andrew Koenig
美國新澤西州吉列

Preface 前言

對於經驗豐富的行家而言，得心應手的工具在初學時的困難程度往往要超過那些容易上手的工具。剛剛接觸飛機駕駛的學員，初航時總是特別謹慎，只敢沿著海岸線來回飛行，等他們稍有經驗就會明白這樣的飛行其實是一件多麼輕鬆的事。初學騎自行車的新手，可能覺得後輪兩側的輔助輪很有幫助，但一旦熟練過後，就會發現它們很是礙手礙腳。

這種情況對程式語言也是一樣。任何一種程式語言，總存在一些語言特性，很可能會給還沒有完全熟悉它們的人帶來麻煩。令人吃驚的是，這些特性雖然因程式語言的不同而異，但對於特定的一種語言，幾乎每個程式設計師都在同樣的一些特性上犯過錯誤、吃過苦頭！因此，作者也就萌生了將這些程式設計師易犯錯誤的特性加以收集、整理的念頭。

我第一次嘗試收集這類問題是在 1977 年。當時，在華盛頓特區舉行的一次 SHARE（IBM 大型機用戶組）會議上，我作了一次題為「PL/I 中的問題與陷阱」的發言。作此發言時，我剛從哥倫比亞大學調至 AT&T 的貝爾實驗室，在哥倫比亞大學我們主要的開發語言是 PL/I，而貝爾實驗室中主要的開發語言卻是 C 語言。在貝爾實驗室工作的 10 年間，我累積了豐富的經驗，深諳 C 語言程式設計師（也包括我本人）在開發時如果一知半解將會遇到多少麻煩。

1985 年，我開始收集有關 C 語言的此類問題，並在年底將結果整理後作為一篇內部論文發表。這篇論文所引發的回應卻大大出乎我的意料，共有 2,000 多人向貝爾實驗室的圖書館索取該論文的副本！我由此確信有必要將該論文的內容進一步擴充，於是就寫成了現在讀者所看到的這本書。

本書是什麼

本書力圖透過揭示一般程式設計師，甚至是經驗老道的職業程式設計師，是如何在程式設計中犯錯、跌跤，以提倡和鼓勵預防性的程式設計。這些錯誤實際上一旦被程式設計師真正認清和理解之後，並不難以避免。因此，本書闡述的重點不是一般原則，而是一個個具體的例子。

如果你是一個程式設計師，並且開發中真正用到 C 語言來解決複雜問題，這本書應該成為你的案頭必備書籍。即使你已經是一個 C 語言的專家級程式設計師，仍然有必要擁有這本書，很多讀過本書早期手稿的專業 C 語言程式設計師常常感歎：「上星期我就遇到這樣一個 Bug！」如果你正在教授 C 語言課程，本書毫無疑問應該成為你向學生推薦的首選補充閱讀材料。

本書不是什麼

本書不是對 C 語言的批評。程式設計師無論使用何種程式語言，都有可能遇到麻煩。本書濃縮了作者長達 10 年的 C 語言開發經驗，集中闡述了 C 語言中各種問題和陷阱，目的是希望程式設計師能夠從中吸取本人，以及我所見過的其他人所犯錯誤的經驗教訓。

本書不是一本「烹飪食譜」。我們不能奢望透過詳盡的指導說明來完全避免錯誤。如果可行的話，那麼所有的交通事故都可以用路旁「小心駕駛」的標語來杜絕。對一般人而言最有效的學習方式是從感性的、活生生的事例中學習，例如自己的親身經歷或者他人的經驗教訓。而且，哪怕只是明白一種特定的錯誤是如何發生的，就已經在避免該錯誤的路途上邁進了一大步。

本書並不打算教你如何用 C 語言去設計程式（見 Kernighan 和 Ritchie：《*The C Programming Language*》第 2 版，Prentice-Hall，1988），也不是一本 C 語言參考手冊（見 Harbison 和 Steele：C：《*A Reference Manual*》第 2 版，Prentice-Hall，1987）。本書未提及資料結構與演算法（見 Van Wyk：《*Data Structures And C Programs*》Addison-Wesley，1988），僅僅簡略

介紹了可移植性（見 Horton：《*How To Write Portable Programs In C*》Prentice-Hall，1989）和作業系統介面（見 Kernighan 和 Pike：《*The Unix Programming Environment*》Prentice-Hall，1984）。本書中所涉及的問題均來自程式設計實踐，適當作了簡化（如果希望讀到一些「挖空心思」設計出來，專門讓你絞盡腦汁的 C 語言難題，見 Feuer：《*The C Puzzle Book*》Prentice-Hall，1982）。本書既不是一本字典也不是一本百科全書，我力圖使其精簡短小，以鼓勵讀者能夠閱讀全書。

讀者的參與和貢獻

可以肯定，我遺漏了某些值得注意的問題。如果你發現了一個 C 語言問題而本書又未提及，請透過 Addison-Wesley 出版社與我聯繫。在本書的下一版中，我很有可能會參考你的發現，並且向你致謝。

關於 ANSI C

在我寫作本書時，ANSI C 標準尚未最後定案。嚴格地說，在 ANSI 委員會完成其工作之前，「ANSI C」的提法從技術上而言是不正確的。而實際上，ANSI 標準化工作大體已經塵埃落定，本書中提及的有關 ANSI C 標準內容基本上不可能有所變動。很多 C 編譯器甚至已經實作了大部分 ANSI 委員會所考慮的對 C 語言的許多重大改進。

毋需擔心你使用的 C 編譯器並不支援書中出現的 ANSI 標準函數語法，它並不會妨礙你理解例子中真正重要的內容，而且書中提及的程式設計師易犯錯誤其實與何種版本的 C 編譯器並無太大關係。

致謝

本書中問題的收集整理工作絕非一人之力可以完成。以下諸位都向我指出過 C 語言中的特定問題，他們是 Steve Bellovin（6.3 節），Mark Brader（1.1 節），

Luca Cardelli（4.4 節），Larry Cipriani（2.3 節），Guy Harris and Steve Johnson（2.2 節），Phil Karn（2.2 節），Dave Kristol（7.5 節），George W. Leach（1.1 節），Doug McIlroy（2.3 節），Barbara Moo（7.2 節），Rob Pike（1.1 節），Jim Reeds（3.6 節），Dennis Ritchie（2.2 節），Janet Sirkis（5.2 節），Richard Stevens（2.5 節），Bjarne Stroustrup（2.3 節），Ephraim Vishnaic（1.4 節），以及一位自願要求隱去姓名者（2.3 節）。為簡短起見，對於同一個問題此處僅僅列出了第一位向我指出該問題的人。我認為這些錯誤絕不是憑空臆造出來的，而且即使是，我想也沒有人願意承認。至少這些錯誤我本人幾乎都犯過，而且有的還不止犯一次。

在書稿編輯方面許多有用的建議來自 Steve Bellovin，Jim Coplien，Marc Donner，Jon Forrest，Brian Kernighan，Doug McIlroy，Barbara Moo，Rob Murray，Bob Richton，Dennis Ritchie，Jonathan Shapiro，以及一些未透露姓名的審閱者。Lee McMahon 與 Ed Sitar 為我指出了早期手稿中的許多錯誤，使我避免掉一旦成書後將要遇到的很多尷尬。Dave Prosser 為我指明了許多 ANSI C 中的細微之處。Brian Kernighan 提供了極有價值的排版工具和幫助。

與 Addison-Wesley 出版社合作是一件愉快的事情，感謝 Jim DeWolf，Mary Dyer，Lorraine Ferrier，Katherine Harutunian，Marshall Henrichs，Debbie Lafferty，Keith Wollman，和 Helen Wythe。當然，他們也從一些並不為我所知的人們那裡得到了幫助，使本書最終得以出版，我在此也一併致謝。

我需要特別感謝 AT&T 貝爾實驗室的管理層，他們開明的態度和支持使我得以寫作本書，包括 Steve Chappell，Bob Factor，Wayne Hunt，Rob Murray，Will Smith，Dan Stanzione 和 Eric Sumner。

本書書名受到 Robert Sheckley 的科幻小說選集的啟發，其書名是《*The People Trap and Other Pitfalls, Snares, Devices and Delusions（as well as Two Sniggles and a Contrivance）*》（1968 年由 Dell Books 出版）。

Author

作者簡介

Andrew Koenig

AT&T 大規模程式研發部（前貝爾實驗室）成員。他從 1986 年開始從事 C 語言的研究，1977 年加入貝爾實驗室。他編寫了一些早期的類別庫，並在 1988 年組織召開了第一個相當規模的 C++ 會議。在 ISO/ANSI C++ 委員會成立的 1989 年，他就加入了該委員會，並一直擔任專案編輯。他已經發表了 C++ 方面的 100 多篇論文，在 Addsion-Wesley 出版了《*C Trap and Pitfalls*》，和《*Ruminations on C++*（*C++* 沉思錄）》（博碩出版）還應邀到世界各地演講。

Andrew Koenig 不僅有著多年的 C++ 開發、研究和教學經驗，而且還親身參與了 C++ 的演化和變革，對 C++ 的變化和發展發揮重要的影響。

Contents

目錄

CHAPTER 00

導讀

CHAPTER 01

詞法陷阱

1.1 = 不同於 == 006
1.2 & 和 | 不同於 && 和 || 008
1.3 詞法分析中的「貪心法」......009
1.4 整數型常數 011
1.5 字元與字串 012

CHAPTER 02

語法陷阱

2.1 理解函數宣告 015
2.2 運算子的優先級問題 021
2.3 注意作為語句結束標誌的分號 026
2.4 switch 語句 028
2.5 函數呼叫 030
2.6 「懸掛」else 引發的問題 031

CHAPTER

03 語義陷阱

3.1 指標與陣列 035

3.2 非陣列的指標 042

3.3 作為參數的陣列宣告 044

3.4 避免「舉隅法」......046

3.5 空指標並非空字串 047

3.6 邊界計算與不對稱邊界 048

3.7 求值順序 062

3.8 運算子 &&、|| 和 ! 064

3.9 整數溢出 066

3.10 為函數 main 提供返回值 067

CHAPTER

04 連結

4.1 什麼是連結器 071

4.2 宣告與定義 073

4.3 命名衝突與 static 修飾子 075

4.4 形式參數、實際參數與返回值 077

4.5 檢查外部類型 084

4.6 標頭檔 087

CHAPTER

05 庫函數

5.1 返回整數的 getchar 函數 092

5.2 更新順序檔案 093

5.3 緩衝輸出與記憶體分配 094
5.4 使用 errno 檢測錯誤 096
5.5 庫函數 signal 097

CHAPTER 06

預處理器

6.1 不能忽視巨集定義中的空格 102
6.2 巨集並不是函數 103
6.3 巨集並不是語句 108
6.4 巨集並不是類型定義 110

CHAPTER 07

可移植性缺陷

7.1 應對 C 語言標準變更 114
7.2 識別子名稱的限制 116
7.3 整數的大小 118
7.4 字元是有符號整數還是無符號整數 119
7.5 移位運算子 120
7.6 記憶體位置 0 121
7.7 除法運算時發生的截斷 122
7.8 亂數的大小 123
7.9 大小寫轉換 124
7.10 首先釋放，然後重新分配 126
7.11 可移植性問題的一個例子 127

CHAPTER 08

建議與答案

8.1 建議 134
8.2 答案 138

APPENDIX A

PRINTF，VARARGS 與 STDARG

A.1 printf 函數族 161
A.2 使用 varargs.h 來實作可變參數列表 179
A.3 stdarg.h：ANSI 版的 varargs.h 186

APPENDIX B

Koenig 和 Moo 夫婦訪談

導讀

我的第一個電腦程式寫於 1966 年，是用 Fortran 語言開發的。該程式需要完成的任務是計算並列印輸出 10,000 以內的所有 Fibonacci 數，也就是一個包括 1，1，2，3，5，8，13，21，……等元素的數列，其中第 2 個數字之後的每個數字，都是前兩個數字之和。當然，寫程式碼很難第一次就順利通過編譯：

```
  I = 0
  J = 0
  K = 1
1 PRINT 10,K
  I = J
  J = K
  K = I + J
  IF (K - 10000) 1, 1, 2
2 CALL EXIT
10 FORMAT(I10)
```

Fortran 程式設計師會很容易發現，上面這段程式碼遺漏了一個 END 語句。當我添上 END 語句之後，程式還是不能通過編譯，編譯器的錯誤訊息也讓人迷惑不解：ERROR 6。

透過仔細查閱編譯器參考手冊中對錯誤訊息的說明，我最後終於明白問題之所在：我使用的 Fortran 編譯器不能處理超過 4 位數以上的整數型常數。將上面這段程式碼中的 10000 改為 9999，程式就順利通過了編譯。

我的第一個 C 語言程式寫於 1977 年。當然，第一次還是沒有得到正確結果：

```
#include <stdio.h>

main()
{
    printf("Hello world");
}
```

這段程式碼雖然在編譯時一次通過，但是，程式執行的結果看上去卻有點奇怪。終端輸出差不多就是下面這樣：

```
% cc prog.c
% a.out
Hello world%
```

這裡的 % 是系統提示字元，作業系統用它來提示用戶輸入。因為在程式中沒有寫明「Hello world」訊息之後應該換行，所以系統提示字元 % 直接出現在輸出的「Hello world」訊息之後。這個程式中還有一個更加難以察覺的錯誤，將在本書的 3.10 節加以討論。

上面提到的兩個程式中所出現的錯誤，是有著實質區別的兩種不同類型的錯誤。在 Fortran 程式的例子中出現了兩個錯誤，但是這兩個錯誤都能夠被編譯器檢測出來。而 C 語言程式的例子從技術上來說是正確的，至少從電腦的角度來看是這樣。因此，C 語言程式順利通過了編譯，沒有提出任何警告或錯誤訊息。電腦嚴格地按照我寫明的程式碼來執行，但結果卻並不是我真正希望得到的。

本書所要集中討論的是第二類問題，也就是程式並沒有按照程式設計師所期待的方式執行。更確切地說，本書的討論限定在 C 語言程式中可能產生這類錯誤的方式。例如，思考下面這段程式碼：

```
int i;
int a[N];
for (i = 0; i <= N; i++)
    a[i] = 0;
```

這段程式碼的作用是初始化一個 N 元陣列，但是在很多 C 編譯器中，它將會陷入一個無限迴圈！本書 3.6 節將探討為什麼會這樣的原因。

程式設計錯誤實際上反映的是程式與程式設計師對該程式的「心智模式」[①] 兩者的相異之處。從程式錯誤的本性而言，我們很難給它們進行恰當的分類。對一個程式錯誤可以從不同層面不同方式進行剖析，根據程式錯誤與檢視程式的方式之間的相關性，我試著對程式錯誤進行了劃分。

譯注① 心智模式（mental model）在彼得·聖吉的《第五項修煉——學習型組織的藝術與實務》中也有提到，被解釋為「深植人們心中，對於周遭世界如何運作的看法和行為」。Howard Gardner 在研究認知科學的一本著作《心靈的新科學（*The Mind's New Science*）》中認為，人們的心智模式決定了人們如何認識周遭世界。《列子》一書中有個典型的故事，說有個人遺失了一把斧頭，他懷疑是鄰居孩子偷的，暗中觀察他的行為，怎麼看怎麼像偷斧頭的人；後來他在自己家中找到了遺失的斧頭，再碰到鄰居的孩子時，怎麼看也不像會是偷他斧頭的人了。

從較低的層面考察，程式是由符號（token）序列所組成的，正如一本書是由一個個單詞所組成一樣。將程式分解成符號的過程，稱為「詞法分析」。第 1 章的重點將放在程式被詞法分析器分解成各個符號的過程中，可能會出現的問題。

組成程式的這些符號，又可以看成是語句和宣告的序列，就好像一本書可以看成是由單詞進一步結合而成的句子所組成的集合。無論是對於書籍，還是對於程式而言，符號或者單詞如何組成更大的單元（對於前者是語句和宣告，對於後者是句子）的語法細節最終決定了語義。如果沒有正確理解這些語法細節，將會出現怎樣的錯誤呢？第 2 章就此進行了討論。

第 3 章處理有關語義誤解的問題：即程式設計師的本意是希望表示某種事物，而實際表示的卻是另外一種事物。在本章中我們假定程式設計師對詞法細節和語法細節的理解沒有問題，因此著重討論語義細節。

第 4 章會關注這樣一個事實：C 語言程式經常是由若干個部分組成，它們分別進行編譯，最後再整合起來。這個過程稱為「連結」，是程式和其支援環境之間關係的一部分。

程式的支援環境包括某組庫函數（library routine）。雖然嚴格說來庫函數並不是語言的一部分，但是庫函數對任何一個有用的程式都非常重要。尤其是有些庫函數，幾乎每個 C 語言程式都要用到。對這些庫函數的誤用可以說是五花八門，因此值得在第 5 章中專門討論。

在第 6 章，我們還注意到，由於 C 預處理器的介入，實際執行的程式並不是最初編寫的程式。雖然不同預處理器的實作存在或多或少的差異，但是大部分特性是各種預處理器都支援的。第 6 章討論了與這些特性相關的有用內容。

第 7 章討論了可移植性問題，也就是為什麼在一個實作平台上能夠執行的程式，卻無法在另一個平台上執行。當牽涉到可移植性時，哪怕是非常簡單類似整數的算術運算這樣的事情，其困難程度也常常會出人意料。

第 8 章提供了有關預防性程式設計的一些建議，還提供了其他章節的練習解答。

最後，附錄中討論了 3 個常用，卻普遍被誤解的庫函數。

練習 0-1

你是否願意購買一個返修率很高的廠家所生產的汽車？如果廠家宣稱它已經做出了改進，你的態度是否會改變？用戶為你找出程式中的 Bug，你真正損失的是什麼？

練習 0-2

修建一個 100 英尺長的護欄，護欄的欄杆之間相距 10 英尺，你需要多少根欄杆？

練習 0-3

在烹飪時你是否失手用菜刀切傷過自己的手？怎樣改進菜刀使得使用更安全？你是否願意使用這樣一把經過改良的菜刀？

Chapter 01

詞法陷阱

當我們閱讀一個句子時，我們並不去考慮組成這個句子的單詞中單一字母的涵義，而是把單詞作為一個整體來理解。確實，字母本身並沒有什麼意義，我們總是將字母組成單詞，然後給單詞賦予一定的意義。

對於用 C 語言或其他語言編寫的程式，道理也是一樣的。程式中的單一字元孤立來看並沒有什麼意義，只有結合上下文才有意義。因此，在 p->s = "->"; 這個語句中，兩處出現的 '-' 字元的意義大相徑庭。更精確地說，上式中出現的兩個 '-' 字元分別是不同符號的組成部分：第一個 '-' 字元是符號 -> 的組成部分，而第二個 '-' 字元是一個字串的組成部分。此外，符號 -> 的涵義與組成該符號的字元 '-' 或字元 '>' 的涵義也完全不同。

術語「符號」（token）指的是程式的一個基本組成單元，其作用相當於一個句子中的單詞。從某種意義上說，一個單詞無論出現在哪個句子，它代表的意思都是一樣的，是一個表義的基本單元。同樣的，符號就是程式中的一個基本資訊單元。而組成符號的字元序列就不同，同一組字元序列在某個上下文環境中屬於一個符號，而在另一個上下文環境中可能屬於完全不同的另一個符號。

> **譯注** 如上面的字元 '-' 和字元 '>' 組成的字元序列 ->，在不同的上下文環境中，一個代表 -> 運算子，一個代表字串 "->"。

編譯器中負責將程式分解為一個一個符號的部分，一般稱為「詞法分析器」。

再看下面一個例子，語句：

```
if (x > big) big = x;
```

這個語句的第一個符號是 C 語言的關鍵字 if，緊接著下一個符號是左括號，再下一個符號是識別子 x，再下一個是大於符號，再下一個是識別子 big，依此類推。在 C 語言中，符號之間的空白（包括空白字元、Tab 或換行字元）將被忽略，因此上面的語句還可以寫成：

```
if
(
x
>
big
)
big
=
x
;
```

本章將探討符號和組成符號的字元間的關係，以及有關符號涵義的一些常見誤解。

1.1 ｜ = 不同於 ==

由 Algol 衍生而來的大多數程式設計語言，例如 Pascal 和 Ada，使用符號 := 作為賦值運算子，符號 = 作為比較運算子。而 C 語言使用的是另一種表示法，符號 = 作為賦值運算，符號 = = 作為比較。一般而言，賦值運算相對於比較運算出現得更頻繁，因此字元數較少的符號 = 就被賦予了更常用的涵義——賦值操作。此外，在 C 語言中賦值符號被視為一種運算子對待，因此重覆進行賦值操作（如 a=b=c）可以很容易地編寫，並且賦值操作還可以嵌入到更大的表達式中。

這種使用上的便利性可能導致一個潛在的問題：當程式設計師本意是作比較運算時，卻可能無意中誤寫成了賦值運算。例如下例，該語句本意似乎是要檢查 x 是否等於 y：

```
if (x = y)
    break;
```

而實際上是將 y 的值賦給了 x，然後檢查該值是否為零。再看下面一個例子，本例中迴圈語句的本意是跳過檔案中的空白字元、Tab 和換行符號：

```
while (c = ' ' || c == '\t' || c == '\n')
    c = getc (f);
```

由於程式設計師在比較字元 ' ' 和變數 c 時，誤將比較運算子 = = 寫成了賦值運算子 =。因為賦值運算子 = 的優先級要低於邏輯運算子 || ，因此實際上是將以下表達式的值賦給了 c：

```
' ' || c == '\t' || c == '\n'
```

因為 ' ' 不等於零（' ' 的 ASCII 碼值為 32），那麼無論變數 c 之前為何值，上述表達式求值的結果都是 1，因此迴圈將一直進行下去直到整個檔案結束。檔案結束之後迴圈是否還會進行下去，這取決於 getc 庫函數的具體實作，在檔案指標到達檔案結尾之後是否還允許繼續讀取字元。如果允許繼續讀取字元，那麼迴圈將一直進行，進而成為一個無限迴圈。

某些 C 編譯器在發現形式如 e1 = e2 的表達式，出現在迴圈語句的條件判斷部分時，會提出警告訊息以提醒程式設計師。當確實需要對變數進行賦值並檢查該變數的新值是否為 0 時，為了避免來自該類別編譯器的警告，我們不應該簡單關閉警告選項，而應該顯式地進行比較。也就是說，下面的例子

```
if (x = y)
    foo();
```

應該寫作：

```
if ((x = y) != 0)
    foo();
```

這種寫法也使得程式碼的意圖一目瞭然。至於為什麼要用括號把 x = y 括起來，本書的 2.2 節將討論這個問題。

前面一直談的是把比較運算誤寫成賦值運算的情形，另一方面，如果把賦值運算誤寫成比較運算，同樣會造成混淆：

```
if ((filedesc == open(argv[i], 0)) < 0)
    error();
```

在本例中，如果函數 open 執行成功，將返回 0 或者正數；而如果函數 open 執行失敗，將返回 -1。上面這段程式碼的本意是將函數 open 的返回值儲存在變數 filedesc 之中，然後透過比較變數 filedesc 是否小於 0 來檢查函數 open 是否執行成功。但是，此處的 = = 本應是 =。而按照上面程式碼中的寫法，實際進行的操作是比較函數 open 的返回值與變數 filedesc，然後檢查比較的結果是否小於 0。因為比較運算子 = = 的結果只可能是 0 或 1，永遠不可能小於 0，所以函數 error() 將沒有機會被呼叫。如果程式碼被執行，似乎一切正常，除了變數 filedesc 的值不再是函數 open 的返回值（事實上，甚至完全與函數 open 無關）。某些編譯器在遇到這種情況時，會警告與 0 比較無效。但是，作為程式設計師不能指望靠編譯器來提醒，畢竟警告訊息可以被忽略，而且並不是所有編譯器都具備這樣的功能。

1.2 ｜ & 和 | 不同於 && 和 ||

很多其他語言都使用 = 作為比較運算子，因此很容易誤將賦值運算子 = 寫成比較運算子 = =。同樣地，將位元運算子 & 與邏輯運算子 &&，或者將位元運算子 | 與邏輯運算子 || 調換，也是很容易犯的錯誤。特別是 C 語言中位元與運算子 & 和位元或運算子 | ，與某些其他語言中的位元與運算子和位元或運算子在表現形式上

完全不同（如 Pascal 語言中分別是 and 和 or），更容易讓程式設計師因為受到其他語言的影響而犯錯。關於這些運算子精確涵義的討論見本書的 3.8 節。

1.3 ｜詞法分析中的「貪心法」

C 語言的某些符號，例如 / 、* 、和 =，只有一個字元長，稱為單字元符號。而 C 語言中的其他符號，例如 /* 和 = = ，以及識別子，包括了多個字元，稱為多字元符號。當 C 編譯器讀入一個字元 '/' 後又跟了一個字元 '*'，那麼編譯器就必須做出判斷：是將其作為兩個分別的符號，還是合起來作為一個符號對待。C 語言對這個問題的解決方案可以歸納為一個很簡單的規則：每一個符號應該包含盡可能多的字元。也就是說，編譯器將程式分解成符號的方法是，從左到右一個字元一個字元地讀入，如果該字元可能組成一個符號，那麼再讀入下一個字元，判斷已經讀入的兩個字元組成的字串是否可能是一個符號的組成部分；如果可能，繼續讀入下一個字元，重覆上述判斷，直到讀入的字元組成的字串已不再可能組成一個有意義的符號。這個處理策略有時被稱為「貪心法」，或者，更口語化一點，稱為「大嘴法」。Kernighan 與 Ritchie 對這個方法的描述如下，「如果（編譯器的）輸入流截止至某個字元之前，都已經被分解為一個個符號，那麼下一個符號將包括從該字元之後可能組成一個符號的最長字串。」

需要注意的是，除了字串與字元常數，符號的中間不能嵌有空白（空白字元、Tab 和換行字元）。例如，= = 是單一符號，而 = = 則是兩個符號，下面的表達式

```
a---b
```

與表達式

```
a -- - b
```

的涵義相同，而與

```
a - -- b
```

的涵義不同。同樣地，如果 / 是為判斷下一個符號而讀入的第一個字元，而 / 之後緊接著 *，那麼無論上下文如何，這兩個字元都將被當作一個符號 /*，表示一段註解的開始。

根據程式碼中註解的意思，下面的語句的本意似乎是用 x 除以 p 所指向的值，把所得的商再賦給 y：

```
y = x/*p        /* p指向除數 */;
```

而實際上，/* 被編譯器理解為一段註解的開始，編譯器將不斷地讀入字元，直到 */ 出現為止。也就是說，該語句直接將 x 的值賦給 y，根本不會顧及到後面出現的 p。將上面的語句重寫如下：

```
y = x / *p      /* p指向除數 */;
```

或者更加清楚一點，寫作：

```
y = x/(*p)      /* p指向除數 */;
```

這樣得到的實際效果才是語句註解所表示的原意。

諸如此類的準二義性（near-ambiguity）問題，在有的上下文環境中還有可能招致麻煩。例如，老版本的 C 語言中允許使用 =+ 來代表現在 += 的涵義。這種老版本的 C 編譯器會將

```
a=-1;
```

理解為下面的語句

```
a =- 1;
```

亦即

```
a = a - 1;
```

因此，如果程式設計師的原意是

```
a = -1;
```

那麼所得結果將使其大吃一驚。

另一方面，儘管 /* 看上去像一段註解的開始，在下例中這種老版本的編譯器會將

```
a=/*b;
```

當作

```
a =/ *b ;
```

這種老版本的編譯器還會將複合賦值視為兩個符號，因此可以毫無疑問地處理

```
a >> = 1;
```

而一個嚴格的 ANSI C 編譯器則會報錯。

1.4 ｜整數型常數

如果一個整數型常數的第一個字元是數字 0，那麼該常數將被視作八進制數字。因此，10 與 010 的涵義截然不同。此外，許多 C 編譯器會把 8 和 9 也作為八進制數字處理。這種多少有點奇怪的處理方式來自八進制數的定義。例如，0195 的涵義是 $1\times8^2+9\times8^1+5\times8^0$，也就是 141（十進制）或者 0215（八進制）。我們當然不建議這種用法，ANSI C 標準也禁止這種用法。

需要注意這種情況，有時候在上下文中為了格式對齊的需要，可能無意中將十進制數寫成了八進制數，例如：

```
struct {
    int part_number;
    char *description;
}parttab[] = {
```

```
    046,    "left-handed widget"        ,
    047,    "right-handed widget"       ,
    125,    "frammis"
};
```

1.5 ｜字元與字串

C 語言中的單引號和雙引號涵義迥異，在某些情況下如果把兩者弄混，編譯器並不會檢測報錯，進而在執行時產生難以預料的結果。

用單引號括起的一個字元，實際上代表一個整數，整數值對應於該字元在編譯器採用的字元集中的序列值。因此，對於採用 ASCII 字元集的編譯器而言，'a' 的涵義與 0141（八進制）或者 97（十進制）嚴格上來說一致。

用雙引號引起的字串，代表的卻是一個指向無名陣列起始字元的指標，該陣列被雙引號之間的字元，以及一個額外的二進位值為零的字元 '\0' 初始化。

下面的這個語句：

```
printf ("Hello world\n");
```

與

```
char hello[] = {'H', 'e', 'l', 'l', 'o', ' ',
            'w', 'o', 'r', 'l', 'd', '\n', 0};
printf (hello);
```

是等效的。

因為用單引號括起的一個字元代表一個整數，而用雙引號括起的一個字元代表一個指標，如果兩者混用，那麼編譯器的類型檢查功能，將會檢測到這樣的錯誤。例如：

```
char *slash = '/';
```

在編譯時將會產生一條錯誤訊息，因為 '/' 並不是一個字元指標。然而，某些 C 編譯器對函數參數並不進行類型檢查，特別是對 printf 函數的參數。因此，如果用

```
printf('\n');
```

來代替正確的

```
printf("\n");
```

則會在程式執行的時候產生難以預料的錯誤，而不會提供編譯器診斷資訊。本書的 4.4 節還詳細討論了其他情形。

> **譯注** 現在的編譯器一般能夠檢測到在函數呼叫時混用單引號和雙引號的情形。

整數（一般為 16 位元或 32 位元）的儲存空間可以容納多個字元（一般為 8 位元），因此有的 C 編譯器允許在一個字元常數（以及字串常數）中包括多個字元。也就是說，用 'yes' 代替 "yes" 不會被該編譯器檢測到。後者（即 "yes"）的涵義是「依次包含 'y'、'e'、's' 以及空字元 '\0' 的 4 個連續記憶體單元的首位址」。前者（即 'yes'）的涵義並沒有準確地進行定義，但大多數 C 編譯器理解為，「一個整數值，由 'y'、'e'、's' 所代表的整數值，按照特定編譯器實作定義的方式組合得到」。因此，這兩者如果在數值上有什麼相似之處，也完全是一種巧合而已。

> **譯注** 在 Borland C++ v5.5 和 LCC v3.6 中採取的做法是，忽略多餘的字元，最後的整數值即第一個字元的整數值；而在 Visual C++ 6.0 和 GCC v2.95 中採取的做法是，依次用後一個字元覆蓋前一個字元，最後得到的整數值即最後一個字元的整數值。

練習 1-1

某些 C 編譯器允許巢狀註解。請寫一個測試程式，要求：無論是對允許巢狀註解的編譯器，還是對不允許巢狀註解的編譯器，該程式都能正常通過編譯（無錯誤訊息出現），但是這兩種情況下程式執行的結果卻不相同。

> **提示：**在用雙引號括起的字串中，註解符號 /* 屬於字串的一部分，而在註解中出現的雙引號 " " 又屬於註解的一部分。

練習 1-2

如果由你來實作一個 C 編譯器，你是否會允許巢狀註解？如果你使用的 C 編譯器允許巢狀註解，你會用到編譯器的這個特性嗎？你對第二個問題的回答是否會影響到你對第一個問題的回答？

練習 1-3

為什麼 n-->0 的涵義是 n-- > 0，而不是 n- -> 0 ？

練習 1-4

a+++++b 的涵義是什麼？

Chapter

02

語法陷阱

要理解一個 C 語言程式，僅僅理解組成該程式的符號是不夠的。程式設計師還必須理解這些符號是如何組合成宣告、表達式、語句和程式。雖然這些組合方式的定義都很完備，幾乎無懈可擊，但有時這些定義與人們的直覺相悖，或者容易引起混淆。本章將討論一些用法和意義與我們想當然的認識不一致的語法結構。

2.1 ｜理解函數宣告

有一次，一個程式設計師與我交談一個問題。他當時正在編寫一個獨立執行於某種微處理器上的 C 語言程式。當電腦啟動時，硬體將呼叫首位址為 0 位置的子常式。

為了模擬開機啟動時的情形，我們必須設計出一個 C 語句，以顯式呼叫該子常式。經過一段時間的思考，我們最後得到的語句如下：

```
(*(void(*)())0)();
```

像這樣的表達式恐怕會令每個 C 語言程式設計師的內心都「不寒而慄」。然而，他們大可不必對此望而生畏，因為建構這類表達式其實只有一條簡單的規則：按照使用的方式來宣告。

任何 C 變數的宣告都由兩部分組成：類型以及一組類似表達式的宣告子（declarator）。宣告子從表面上看與表達式有些類似，對它求值應該返回一個宣告中給定類型的結果。最簡單的宣告子就是單一變數，如：

```
float f, g;
```

這個宣告的涵義是：當對其求值時，表達式 f 和 g 的類型為浮點數類型（float）。因為宣告子與表達式相似，所以我們也可以在宣告子中任意使用括號：

```
float ((f));
```

這個宣告的涵義是：當對其求值時，((f)) 的類型為浮點類型，由此可以推知，f 也是浮點類型。

同樣的邏輯也適用於函數和指標類型的宣告，例如：

```
float ff();
```

這個宣告的涵義是：表達式 ff() 求值結果是一個浮點數，也就是說，ff 是一個返回值為浮點類型的函數。同樣的，

```
float *pf;
```

這個宣告的涵義是 *pf 是一個浮點數，也就是說，pf 是一個指向浮點數的指標。

以上這些形式在宣告中還可以組合起來，就像在表達式中進行組合一樣。因此，

```
float *g(), (*h)();
```

表示 *g() 與 (*h)() 是浮點表達式。因為 () 結合優先級高於 *，*g() 也就是 *(g())：g 是一個函數，該函數的返回值類型為指向浮點數的指標。同理，可以得出 h 是一個函數指標，h 所指向函數的返回值為浮點類型。

一旦我們知道了如何宣告一個給定類型的變數，那麼該類型的類型轉換子就很容易得到了：只需要把宣告中的變數名稱和宣告末尾的分號去掉，再將剩餘的部分用一個括號整個「封裝」起來即可。例如，因為下面的宣告：

```
float (*h)();
```

表示 h 是一個指向返回值為浮點類型的函數的指標，因此，

```
(float (*)())
```

表示一個「指向返回值為浮點類型的函數的指標」的類型轉換子。

擁有了這些預備知識，我們現在可以分兩步來分析表達式 (*(void(*)())0)() 。

第一步，假定變數 fp 是一個函數指標，那麼如何呼叫 fp 所指向的函數呢？呼叫方法如下：

```
(*fp)();
```

因為 fp 是一個函數指標，那麼 *fp 就是該指標所指向的函數，所以 (*fp)() 就是呼叫該函數的方式。ANSI C 標準允許程式設計師將上式簡寫為 fp()，但是一定要記住這種寫法只是一種簡寫形式。

在表達式 (*fp)() 中，*fp 兩側的括號非常重要，因為函數運算子 () 的優先級高於單目運算子 *。如果 *fp 兩側沒有括號，那麼 *fp() 實際上與 *(fp()) 的涵義完全一致，ANSI C 把它視為 *((*fp)()) 的簡寫形式。

現在，剩下的問題就只是找到一個恰當的表達式來替換 fp。我們將在分析的第二步來解決這個問題。如果 C 編譯器能夠理解我們大腦中對於類型的認識，那麼我們可以這樣寫：

```
(*0)();
```

上式並不能生效，因為運算子 * 必須要一個指標來做運算元。而且，這個指標還應該是一個函數指標，這樣經運算子 * 作用後的結果才能作為函數被呼叫。因此，在上式中必須對 0 作類型轉換，轉換後的類型可以大致描述為：「指向返回值為 void 類型的函數的指標」。

如果 fp 是一個指向返回值為 void 類型的函數的指標，那麼 (*fp)() 的值為 void，fp 的宣告如下：

```
void (*fp)();
```

因此，我們可以用下式來完成呼叫儲存位置為 0 的子常式：

```
void (*fp)();
(*fp)();
```

譯注　此處作者假設 fp 預設初始化為 0，這種寫法不宜提倡。

這種寫法的代價是多宣告了一個「啞」變數。

但是，我們一旦知道如何宣告一個變數，也就自然知道如何對一個常數進行類型轉換，將其轉型為該變數的類型：只需要在變數宣告中將變數名稱去掉即可。因此，將常數 0 轉型為「指向返回值為 void 的函數的指標」類型，可以這樣寫：

```
(void (*)())0
```

因此，我們可以用 (void (*)())0 來替換 fp，進而得到：

```
(*(void (*)())0)();
```

末尾的分號使得表達式成為一個語句。

在我當初解決這個問題的時候，C 語言中還沒有 typedef 宣告。儘管不用 typedef 來解決這個問題，對剖析本例的細節而言是一個很好的方式，但無疑使用 typedef 能夠使表述更加清晰：

```
typedef void (*funcptr)();
(*(funcptr)0)();
```

這個棘手的例子並不是孤立的，還有一些C語言程式設計師經常遇到的問題，實際上和這個例子是同一個類型的。例如，考慮 signal 庫函數，在包括該函數的C編譯器實作中，signal 函數接受兩個參數：一個是代表需要「被捕獲」的特定 signal 的整數值；另一個是指向用戶提供的函數的指標，該函數用於處理「捕獲到」的特定 signal，返回值類型為 void。我們將會在本書 5.5 節詳細討論該函數。

一般情況下，程式設計師並不主動宣告 signal 函數，而是直接使用系統標頭檔 signal.h 中的宣告。那麼，在標頭檔 signal.h 中，signal 函數是如何宣告的呢？

首先，讓我們從用戶定義的訊號處理函數開始考慮，這無疑是最容易解決的。該函數可以定義如下：

```
void sigfunc(int n){
              /* 特定訊號處理部分 */
}
```

函數 sigfunc 的參數是一個代表特定訊號的整數值，此處我們暫時忽略它。

上面假設的函數體定義了 sigfunc 函數，因此 sigfunc 函數的宣告可以如下：

```
void sigfunc(int );
```

現在假定我們希望宣告一個指向 sigfunc 函數的指標變數，不妨命名為 sfp。因為 sfp 指向 sigfunc 函數，則 *sfp 就代表了 sigfunc 函數，因此 *sfp 可以被呼叫。又假定 sig 是一個整數，則 (*sfp)(sig) 的值為 void 類型，因此我們可以如此宣告 sfp：

```
void (*sfp)(int);
```

因為 signal 函數的返回值類型與 sfp 的返回類型一樣，上式也就宣告了 signal 函數，我們可以如此宣告 signal 函數：

```
void (*signal(something))(int);
```

此處的 something 代表了 signal 函數的參數類型，我們還需要進一步瞭解如何宣告它們。上面宣告可以這樣理解：傳遞適當的參數以呼叫 signal 函數，對 signal 函數返回值（為函數指標類型）解除參照（dereference），然後傳遞一個整數型參數呼叫解除參照後所得函數，最後返回值為 void 類型。因此，signal 函數的返回值是一個指向返回值為 void 類型的函數的指標。

那麼，signal 函數的參數又是如何呢？ signal 函數接受兩個參數：一個整數型的訊號編號，以及一個指向用戶定義的訊號處理函數的指標。我們之前已經定義了指向用戶定義的訊號處理函數的指標 sfp：

```
void (*sfp)(int);
```

sfp 的類型可以透過將上面的宣告中的 sfp 去掉而得到，即 void (*)(int)。此外，signal 函數的返回值是一個指向呼叫前的用戶，所定義訊號處理函數的指標，這個指標的類型與 sfp 指標類型一致。因此，我們可以如此宣告 signal 函數：

```
void (*signal(int, void(*)(int)))(int);
```

同樣地，使用 typedef 可以簡化上面的函數宣告：

```
typedef void (*HANDLER)(int);
HANDLER signal(int, HANDLER);
```

2.2 運算子的優先級問題

假設存在一個已定義的常數 FLAG，FLAG 是一個整數，且該整數值的二進制表示中只有某一個位元是 1，其餘各位元均為 0，亦即該整數是 2 的某次方。如果對於整數型變數 flags，我們需要判斷它在常數 FLAG 為 1 的那一個位元上是否同樣也為 1，通常可以這樣寫：

```
if (flags & FLAG) …
```

上式的涵義對大多數 C 語言程式設計師來說是顯而易見的：if 語句判斷括號內表達式的值是否為 0。考慮到可讀性，如果對表達式的值是否為 0 的判斷能夠顯式地加以說明，無疑使得程式碼本身就發揮了註解該段程式碼意圖的作用。其寫法如下：

```
if (flags & FLAG != 0) …
```

這個語句現在雖然更好懂了，但卻是一個錯誤的語句。因為 != 運算子的優先級要高於 & 運算子，所以上式實際上被解釋為：

```
if (flags & (FLAG != 0) ) …
```

因此，除了 FLAG 恰好為 1 的情形，FLAG 為其他數時這個式子都是錯誤的。

又假設 hi 和 low 是兩個整數，它們的值介於 0 到 15 之間，如果 r 是一個 8 位元整數，且 r 的低 4 位元與 low 各位元上的數一致，而 r 的高 4 位元與 hi 各位元上的數一致。很自然會想到要這樣寫：

```
r = hi<<4 + low;
```

但是很不幸，這樣寫是錯誤的。加法運算的優先級要比移位運算的優先級高，因此本例實際上相當於：

```
r = hi<< (4 + low);
```

對於這種情況，有兩種更正方法：第一種方法是加括號；第二種方法意識到問題出在程式設計師混淆了算術運算與邏輯運算，但這種方法牽涉到的移位運算與邏輯運算的相對優先級就更加不是那麼明顯。兩種方法如下：

```
r = （hi<<4） + low;        // 方法 1：加括號
r = hi<<4 | low;            // 方法 2：將原來的加號改為位元邏輯或
```

用添加括號的方法雖然可以完全避免這類問題，但是表達式中有了太多的括號反而不容易理解。因此，記住 C 語言中運算子的優先級是有益的。

遺憾的是，運算子優先級有 15 個之多，因此記住它們並不是一件容易的事。完整的 C 語言運算子優先級表如表 2-1 所示。

表 2-1 C 語言運算子優先級表（由上至下，優先級依次遞減）

運算子	結合性
() [] -> .	自左向右
! ~ ++ -- - (type) * & sizeof	自右至左
* / %	自左向右
+ -	自左向右
<< >>	自左向右
< <= > >=	自左向右
== !=	自左向右
&	自左向右
^	自左向右
|	自左向右
&&	自左向右
||	自左向右
?:	自右至左
assignments（賦值）	自右至左
,	自左向右

如果把這些運算子恰當分組，並且理解了各組運算子之間的相對優先級，那麼這張表其實不難記住。

優先級最高者其實並不是真正意義上的運算子，包括：陣列索引、函數呼叫運算子、各結構成員選擇運算子。它們都是自左於右結合，因此 a.b.c 的涵義是 (a.b).c，而不是 a.(b.c)。

單目運算子的優先級僅次於前述運算子。在所有的真正意義上的運算子中，它們的優先級最高。因為函數呼叫的優先級要高於單目運算子的優先級，所以如果 p 是一個函數指標，要呼叫 p 所指向的函數，必須這樣寫：(*p)()。如果寫成 *p()，編譯器會解釋成 *(p())。類型轉換也是單目運算子，它的優先級和其他單目運算子的優先級一樣。單目運算子是自右至左結合，因此 *p++ 會被編譯器解釋成 *(p++)，即取指標 p 所指向的物件，然後將 p 遞增 1；而不是 (*p)++，即取指標 p 所指向的物件，然後將該物件遞增 1。本書 3.7 節還進一步指出了 p++ 的涵義有時會出人意料。

優先級比單目運算子要低的，接下來就是雙目運算子。在雙目運算子中，算術運算子的優先級最高，移位運算子次之，關係運算子再次之，接著是邏輯運算子，賦值運算子，最後是條件運算子。

譯注 條件運算子實際應為三目運算子。

我們需要記住的最重要的兩點是：

1. 任何一個邏輯運算子的優先級低於任何一個關係運算子。
2. 移位運算子的優先級比算術運算子要低，但是比關係運算子要高。

屬於同一類型的各個運算子之間的相對優先級，理解起來一般沒有什麼困難。乘法、除法和求餘優先級相同，加法、減法的優先級相同，兩個移位運算子的優先級也相同。1/2*a 的涵義是 (1/2)*a，而不是 1/(2*a)，這點也許會讓某些人吃驚，其實在這方面 C 語言與 Fortran 語言、Pascal 語言以及其他程式設計語言之間的行為表現並無差別。

但是，6 個關係運算子的優先級並不相同，這點或許讓人感到有些吃驚。運算子 == 和 != 的優先級要低於其他關係運算子的優先級。因此，如果我們要比較 a 與 b 的相對大小順序是否和 c 與 d 的相對大小順序一樣，就可以這樣寫：

```
a < b == c < d
```

任何兩個邏輯運算子都具有不同的優先級。所有的位元運算子優先級要比順序運算子的優先級高，每個「與」運算子要比相應的「或」運算子優先級高，而位元互斥或運算子（^ 運算子）的優先級介於位元與運算子和位元或運算子之間。

這些運算子的優先順序是由於歷史原因形成的。B 語言是 C 語言的「祖先」，B 語言中的邏輯運算子大致相當於 C 語言中的 & 和 | 運算子。雖然這些運算子從定義上而言是位元操作的，但是當它們出現在條件語句的上下文中時，B 語言的編譯器會將它們作為相當於現在 C 語言中的 && 和 || 運算子處理。而到了 C 語言中，這兩種不同的用法被區分開來，從相容性的角度來考慮，如果對它們優先順序的改變過大，將是一件危險的事。

在本節到現在為止提及的所有運算子中，三目條件運算子優先級最低。這就允許我們在三目條件運算子的條件表達式中包括關係運算子的邏輯組合，例如：

```
tax_rate = income>40000 && residency<5 ? 3.5: 2.0;
```

本例其實還揭示了：賦值運算子的優先級低於條件運算子的優先級是有意義的。此外，所有的賦值運算子的優先級是一樣的，而且它們的結合方式是從右到左，因此，

```
home_score = visitor_score = 0;
```

與下面兩條語句所表達的意思是相同的：

```
visitor_score = 0;
home_score = visitor_score;
```

在所有的運算子中，逗號運算子的優先級最低。這點很容易記住，因為逗號運算子常用於在需要一個表達式而不是一條語句的情形下，替換作為語句結束標誌的分號。逗號運算子在巨集定義中特別有用，這點在本書的 6.3 節還會進一步討論。

在涉及到賦值運算子時，經常會引起優先級的混淆。考慮下面的這個例子，例子中迴圈語句的本意是複製一個檔案到另一個檔案：

```
while (c=getc(in) != EOF)
    putc(c,out);
```

在 while 語句的表達式中，c 似乎是首先被賦予函數 getc(in) 的返回值，然後與 EOF 比較是否到達檔案結尾以便決定是否終止迴圈。然而，由於賦值運算子的優先級要低於任何一個比較運算子，因此 c 的值實際上是函數 getc(in) 的返回值與 EOF 比較的結果。此處函數 getc(in) 的返回值只是一個臨時變數，在與 EOF 比較後就被「丟棄」了。因此，最後得到的檔案「副本」中只包括了一組二進制值為 1 的位元組流。

上例實際應該寫成：

```
while ((c=getc(in)) != EOF)
    putc(c,out);
```

如果表達式再複雜一點，這類錯誤就很難被察覺。例如，本書第 4 章章首提及的 lint 程式的一個版本，在發佈時包括了下面一行錯誤程式碼：

```
if( (t=BTYPE(pt1->aty)==STRTY) || t==UNIONTY){
```

這行程式碼本意是首先賦值給 t，然後判斷 t 是否等於 STRTY 或者 UNIONTY。實際的結果卻大相徑庭：它會先檢查 BTYPE(pt1->aty) 的值是否等於 STRTY，而使 t 的取值為 1 或者為 0；如果 t 取值為 0，還將進一步與 UNIONTY 比較。

2.3 ｜注意作為語句結束標誌的分號

在 C 語言程式中如果不小心多寫了一個分號可能不會造成什麼不良後果：這個分號也許會被視作一個不會產生任何實際效果的空語句；或者編譯器會因為這個多餘的分號而產生一條警告資訊，根據警告資訊的提示能夠很容易去掉這個分號。一個重要的例外情形是在 if 或者 while 語句之後需要緊跟一條語句時，如果此時多了一個分號，那麼原來緊跟在 if 或者 while 子句之後的語句就是一條單獨的語句，與條件判斷部分沒有任何關係。考慮下面的這個例子：

```
if (x[i] > big);
    big = x[i];
```

編譯器會正常地接受第一行程式碼中的分號而不會提示任何警告資訊，因此編譯器對這段程式碼的處理與對下面這段程式碼的處理就大不相同：

```
if (x[i] > big)
    big = x[i];
```

前面第一個例子（即在 if 後多加了一個分號的例子）實際上相當於

```
if (x[i] > big) { }
    big = x[i];
```

當然，也就等同於（除非 x、I 或者 big 是有副作用的巨集）

```
    big = x[i];
```

如果不是多寫了一個分號，而是遺漏了一個分號，同樣會招致麻煩。例如：

```
if (n<3)
    return
logrec.date = x[0];
logrec.time = x[1];
logrec.code = x[2];
```

此處的 return 語句後面遺漏了一個分號；然而這段程式碼仍然會順利通過編譯而不會報錯，只是將語句

```
logrec.date = x[0];
```

當作了 return 語句的運算元。上面這段程式碼實際上相當於：

```
if (n<3)
    return  logrec.date = x[0];
logrec.time = x[1];
logrec.code = x[2];
```

如果這段程式碼所在的函數宣告其返回值為 void，編譯器會因為實際返回值的類型，與宣告返回值的類型不一致而報錯。然而，如果一個函數不需要返回值（即返回值為 void），我們經常在函數宣告時省略了返回值類型，但是此時對編譯器而言會隱含地將函數返回值類型視為 int 類型。如果是這樣，上面的錯誤就不會被編譯器檢測到。在上面的例子中，當 n>=3 時，第一個賦值語句會被直接跳過，由此造成的錯誤可能會是一個潛伏很深、極難發現的程式 Bug。

還有一種情形，也是有分號與沒分號的實際效果相差極為不同。那就是當一個宣告的結尾緊跟一個函數定義時，如果宣告結尾的分號被省略，編譯器可能會把宣告的類型視作函數的返回值類型。考慮下面的例子：

```
struct logrec{
    int date;
    int time;
    int code;
}
main()
{
    ...
}
```

在第一個 } 與緊隨其後的函數 main 定義之間，遺漏了一個分號。因此，上面程式碼段實際的效果是宣告函數 main 的返回值是結構 logrec 類型。寫成下面這樣，會看得更清楚：

```
struct logrec{
    int date;
    int time;
    int code;
}

main()
{
    ...
}
```

如果分號沒有被省略，函數 main 的返回值類型會預設定義為 int 類型。

在函數 main 中，如果本應返回一個 int 類型數值，卻宣告返回一個 struct logrec 類型的結構，會產生怎樣的效果呢？我們把它留作為本章結尾的一個練習。雖然刻意地往消極面去聯想也許有些「病態」，但對要考慮到各種意外情形的程式設計（例如航空航天或醫療儀器的控制程式），卻是不無裨益的。

2.4 | switch 語句

C 語言的 switch 語句的控制流程能夠依次通過並執行各個 case 部分，這點是 C 語言與眾不同之處。考慮下面的例子，兩段程式碼分別用 C 語言和 Pascal 語言編寫：

```
switch(color){
    case 1: printf("red");
        break;
    case 2: printf("yellow");
        break;
    case 3: printf("blue");
        break;
}
case color of
    1:    write('red');
    2:    write('yellow');
    3:    write('blue');
end
```

兩段程式碼要完成的是同樣的任務：根據變數 color 的值（1，2 或 3），分別列印出 red，yellow 或 blue。兩段程式碼非常相似，只有一個例外情形：那就是用 Pascal 語言編寫的程式區段中，每個 case 部分並沒有與 C 語言的 break 語句對應的部分。之所以會這樣，原因在於 C 語言中把 case 標號當作真正意義上的標號，因此程式的控制流程會直接通過 case 標號，而不會受到任何影響。而另一方面，在 Pascal 語言中每個 case 標號都隱含地結束了前一個 case 的部分。

讓我們從另一個角度來看待這個問題，假設將前面用 C 語言編寫的程式碼段稍作變動，使其在形式上與用 Pascal 語言編寫的程式碼段類似：

```
switch (color) {
    case 1:printf("red");
    case 2:printf("yellow");
    case 3:printf("blue");
}
```

又進一步假定變數 color 的值為 2。最後，程式將會列印出

```
yellowblue
```

因為程式的控制流程在執行了第二個 printf 函數的呼叫之後，會自然而然地依序執行下去，第三個 printf 函數呼叫也會被執行。

C 語言中 switch 語句的這種特性，既是它的優勢所在，也是它的一大弱點。說它是一大弱點，是因為程式設計師很容易就會遺漏各個 case 部分的 break 語句，造成一些難以理解的程式行為。說它是優勢所在，是因為如果程式設計師有意略去一個 break 語句，則可以表達出一些採用其他方式很難輕鬆加以實作的程式控制結構。特別是對於一些大的 switch 語句，我們常常會發現各個分支的處理大同小異：對某個分支情況的處理只要稍作變動，剩餘部分就完全等同於另一個分支情況下的處理。

例如，考慮這樣一個程式，它是某種假想電腦的直譯器（相當於虛擬機器）。這個程式中包含有一個 switch 語句，用來處理每個不同的操作碼。在這種假想的電腦上，只要將第二個運算元的正負號反號後，減法運算和加法運算的處理本質上

就是一樣的。因此，如果我們可以像下面這樣寫程式碼，無疑會大幅方便程式的處理：

```
case SUBTRACT:
    opnd2 = -opnd2;
    /* 此處沒有 break 語句 */
case ADD:
    . . .
```

當然，像上面的例子那樣添加適當的程式註解是一個不錯的做法。當其他人閱讀到這段程式碼時，就能夠瞭解到此處是有意省去了一個 break 語句。

再看另一個例子，考慮這樣一段程式碼，它的作用是一個編譯器在搜尋符號時跳過程式中的空白字元。在這裡，空白鍵、Tab 和換行字元的處理都是相同的，除了當遇到換行字元時，程式的程式碼行計數器需要進行遞增：

```
case '\n':
    linecount++;
    /* 此處沒有 break 語句 */
case '\t':
case ' ':
    . . .
```

2.5 函數呼叫

與其他程式設計語言不同，C 語言要求：在函數呼叫時即使函數不帶參數，也應該包括參數列表。因此，如果 f 是一個函數，

```
f();
```

是一個函數呼叫語句，而

```
f;
```

卻是一個什麼也不做的語句。更精確地說，這個語句計算函數 f 的位址，卻並不呼叫該函數。

2.6 「懸掛」else 引發的問題

這個問題雖然已經為人熟知，而且也並非 C 語言所獨有，但即使是有多年經驗的 C 語言程式設計師也常常在此失誤過。

考慮下面的程式片段：

```
if (x == 0)
    if (y == 0) error();
else{
    z = x + y;
    f(&z);
}
```

這段程式碼中程式設計者的本意是應該有兩種主要情況，x 等於 0 以及 x 不等於 0。對於 x 等於 0 的情形，除非 y 也等於 0（此時呼叫函數 error），否則程式不作任何處理；對於 x 不等於 0 的情形，程式首先將 x 與 y 之和賦值給 z，然後以 z 的位址為參數來呼叫函數 f。

然而，這段程式碼實際上所做的，卻與程式設計者的意圖相去甚遠。原因在於 C 語言中有這樣的規則，else 始終與同一對括號內，離它最近的未匹配 if 結合。如果我們按照上面這段程式實際上被執行的邏輯來調整程式碼縮排，大致是這個樣子：

```
if (x == 0) {
    if (y == 0)
        error();
    else {
        z = x + y;
        f(&z);
    }
}
```

也就是說，如果 x 不等於 0，程式將不會做任何處理。如果要得到原來的例子中，由程式碼縮排體現的程式設計者本意的結果，應該要這樣寫：

```
if (x == 0) {
    if (y == 0)
        error();
} else {
    z = x + y;
    f(&z);
}
```

現在，else 與第一個 if 結合，即使它離第二個 if 更近也是如此，因為此時第二個 if 已經被括號「封裝」起來了。

有的程式設計語言在 if 語句中使用收尾定界符號來顯式地說明。例如，在 Algol 68 語言中，前面提到的例子可以這樣寫：

```
if x = 0
then      if    y = 0
          then  error
          fi
else      z := x + y;
          f(z)
fi
```

像上面這樣強制使用收尾定界符號完全避免了「懸掛」else 的問題，付出的代價則是程式稍稍變長了一點。有些 C 語言程式設計師透過使用巨集定義也能達到類似的效果：

```
#define IF      {if(
#define THEN    ) {
#define ELSE    } else {
#define FI      }}
```

這樣，上例中的 C 語言程式就可以寫成：

```
IF x == 0
THEN IF y == 0
```

```
    THEN error();
    FI
ELSE z = x + y;
f(&z);
FI
```

如果一個 C 語言程式設計師過去不是長期浸淫於 Algol 68 語言，他會發現上面這段程式碼難於閱讀。這樣一種解決方案所帶來的問題可能比它所解決的問題還要更糟糕。

練習 2-1

C 語言允許初始化列表中出現多餘的逗號，例如：

```
int  days[] = { 31, 28, 31, 30, 31, 30,
                31, 31, 30, 31, 30, 31,};
```

為什麼這種特性是有用的？

練習 2-2

本章的第 3 節指出了在 C 語言中以分號作為語句結束的標誌而帶來的一些問題。雖然我們現在考慮改變 C 語言的這個規定已經太遲，但是想像一下分隔語句是否還有其他辦法卻是一件頗有趣味的事情。其他語言中是如何分隔語句呢？這些方法是否也存在它們固有的缺陷呢？

Chapter

03

語義陷阱

一個句子哪怕其中的每個單詞都拼寫正確，而且語法也無懈可擊，仍然可能有歧義，或者並非編寫者希望表達的意思。程式也有可能表面看上去是一個意思，而實際上的意思卻相去甚遠。本章考察了若干種可能引起上述歧義的程式編寫方式。

本章還討論了這樣的情形：如果只是膚淺地考察，一切都「顯得」合情合理，而事實上這種情況在所有的 C 語言實作中提供的結果卻都是未定義的。在某些 C 語言實作中能夠正常工作，而在另一些 C 語言實作中卻又不能工作的情形，這屬於可移植性方面的問題，將在第 7 章中給予論述。

3.1 ｜指標與陣列

C 語言中指標與陣列這兩個概念之間的聯繫是如此密不可分，以至於如果不能理解其中一個，就無法徹底理解另一個。而且，C 語言對這些概念的處理，在某些方面與其他任何為人熟知的程式語言都有所不同。

C 語言中的陣列值得注意的地方有以下兩點：

1. C 語言中只有一維陣列，而且陣列的大小必須在編譯期就作為一個常數確定下來。然而，C 語言中陣列的元素可以是任何類型的物件，當然也可以是另外一個陣列。這樣，要「仿真」出一個多維陣列就不是一件難事。

> 譯注 C99 標準允許變長陣列（VLA）。GCC 編譯器中實作了變長陣列，但細節與 C99 標準不完全一致。感興趣的讀者可參照 ISO/IEC 9899:1999 標準 6.7.5.2 節，以及 Dennis M. Ritchie 的 Variable-Size Arrays in C。

2. 對於一個陣列，我們只能夠做兩件事：確定該陣列的大小，以及獲得指向該陣列索引為 0 的元素的指標。其他有關陣列的操作，哪怕它們乍看上去是以陣列索引進行運算的，實際上都是透過指標進行的。換句話說，任何一個陣列索引運算都等同於一個對應的指標運算，因此我們完全可以依據指標行為定義陣列索引的行為。

一旦我們徹底弄懂了這兩點以及它們所隱含的意思，那麼理解 C 語言的陣列運算就不過是「小菜一碟」。如果不清楚上述兩點內容，那麼 C 語言中的陣列運算就可能會給程式設計者帶來許多的困惑。需要特別指出的是，程式設計者應該具備將陣列運算與它們對應的指標運算融匯貫通的能力，在思考有關問題時大腦中對這兩種運算能夠自如切換、毫無滯礙。許多程式設計語言中都內建有索引運算，在 C 語言中索引運算是以指標算術的形式來定義的。

要理解 C 語言中陣列的運作機制，我們首先必須理解如何宣告一個陣列。例如，

```
int a[3];
```

這個語句宣告了 a 是一個擁有 3 個整數型元素的陣列。同樣地，

```
struct {
    int  p[4];
    double  x;
}b[17];
```

宣告了 b 是一個擁有 17 個元素的陣列，其中每個元素都是一個結構，該結構中包括了一個擁有 4 個整數型元素的陣列（命名為 p）和一個雙精度類型的變數（命名為 x）。

現在考慮下面的例子，

```
int calendar[12][31];
```

這個語句宣告了 calendar 是一個陣列，該陣列擁有 12 個陣列類型的元素，其中每個元素都是一個擁有 31 個整數型元素的陣列（而不是一個擁有 31 個陣列類型的元素的陣列，其中每個元素又是一個擁有 12 個整數型元素的陣列）。因此，sizeof(calendar) 的值是 372（31×12）與 sizeof(int) 的乘積。

如果 calendar 不是用於 sizeof 的運算元，而是用於其他的場合，那麼 calendar 總是被轉換成一個指向 calendar 陣列的起始元素的指標。要理解上面這句話的涵義，我們首先必須理解有關指標的一些細節。

任何指標都是指向某種類型的變數。例如，如果有這樣的語句：

```
int *ip;
```

就表明 ip 是一個指向整數型變數的指標。又如果宣告，

```
int i;
```

那麼我們可以將整數型變數 i 的位址賦給指標 ip，就像下面這樣：

```
ip = &i;
```

而且，如果我們給 *ip 賦值，就能夠改變 i 的取值：

```
*ip = 17;
```

如果一個指標指向的是陣列中的一個元素，那麼我們只要給這個指標加 1，就能夠得到指向該陣列中下一個元素的指標。同樣地，如果我們給這個指標減 1，得

到就是指向該陣列中前一個元素的指標。對於除了 1 之外其他整數的情形，都依此類推。

上面這段討論暗示了這樣一個事實：給一個指標加上一個整數，與給該指標的二進制表示加上同樣的整數，兩者的涵義截然不同。如果 ip 指向一個整數，那麼 ip+1 指向的是電腦記憶體中的下一個整數，在大多數現代電腦中，它都不同於 ip 所指向位址的下一個記憶體位置。

如果兩個指標指向的是同一個陣列中的元素，我們可以把這兩個指標相減。這樣做是有意義的，例如：

```
int *q = p + i;
```

那麼我們可以透過 q – p 而得到 i 的值。值得注意的是，如果 p 與 q 指向的不是同一個陣列中的元素，即使它們所指向的位址在記憶體中的位置正好間隔一個陣列元素的整數倍，所得的結果仍然是無法確保其正確性的。

本節前面已經宣告了 a 是一個擁有 3 個整數型元素的陣列。如果我們在應該出現指標的地方，卻採用了陣列名稱來替換，那麼陣列名稱就被當作指向該陣列索引為 0 的元素的指標。因此如果我們這樣寫，

```
p = a;
```

就會把陣列 a 中索引為 0 的元素的位址賦值給 p。注意，這裡我們並沒有寫成：

```
p = &a;
```

這種寫法在 ANSI C 中是非法的，因為 &a 是一個指向陣列的指標，而 p 是一個指向整數型變數的指標，它們的類型不匹配。大多數早期版本的 C 語言實作中，並沒有所謂「陣列的位址」這個概念，因此 &a 不是被視為非法，就是等於 a。

繼續我們的討論，現在 p 指向陣列 a 中索引為 0 的元素，p+1 指向陣列 a 中索引為 1 的元素，p+2 指向陣列 a 中索引為 2 的元素，依此類推。如果希望 p 指向陣列 a 中索引為 1 的元素，可以這樣寫：

```
p = p + 1;
```

當然，該語句完全等同於下面的寫法：

```
p++;
```

除了 a 被用作運算子 sizeof 之參數的情形以外，在其他所有的情形中陣列名稱 a 都代表指向陣列 a 中索引為 0 的元素指標。正如我們合乎情理的期待，sizeof(a) 的結果是整個陣列 a 的大小，而不是指向陣列 a 的元素指標的大小。

從上面的討論中，我們不難得出一個推論，*a 即陣列 a 中索引為 0 的元素的參照。例如，我們可以這樣寫：

```
*a = 84;
```

這個語句將陣列 a 中索引為 0 的元素值設置為 84。同樣道理，*(a+1) 是陣列 a 中索引為 1 的元素的參照，依此類推。概而言之，*(a+i) 即陣列 a 中索引為 i 的元素的參照；這種寫法是如此常用，因此它被簡記為 a[i] 。

正是這個概念讓許多 C 語言新手難於理解。實際上，由於 a+i 與 i+a 的涵義一樣，因此 a[i] 與 i[a] 也具有同樣的涵義。也許某些組合語言程式設計師會發現後一種寫法很熟悉，但我們絕對不推薦這種寫法。

現在我們可以考慮「二維陣列」了，正如前面所討論的，它實際上是以陣列為元素的陣列。儘管我們也可以完全依據指標編寫操縱一維陣列的程式，這樣做在一維情形下並不困難，但是對於二維陣列從記法上的便利性來說，採用索引形式就幾乎是不可替代的了。還有，如果我們僅僅使用指標來操縱二維陣列，我們將不得不與 C 語言中最為「晦暗不明」的部分打交道，並常常遭遇潛伏的編譯器 bug。

讓我們回過頭來再看前面的幾個宣告：

```
int calendar[12][31];
int *p;
int i;
```

然後，考一考自己，calendar[4] 的涵義是什麼？

因為 calendar 是一個有著 12 個陣列類型元素的陣列，它的每個陣列類型元素又是一個有著 31 個整數型元素的陣列，所以 calendar[4] 是 calendar 陣列的第 5 個元素，是 calendar 陣列中 12 個有著 31 個整數型元素的陣列之一。因此，calendar[4] 的行為也就表現為一個有著 31 個整數型元素的陣列的行為。例如，sizeof(calendar[4]) 的結果是 31 與 sizeof(int) 的乘積。又如，

```
p = calendar[4];
```

這個語句使指標 p 指向了陣列 calendar[4] 中索引為 0 的元素。

如果 calendar[4] 是一個陣列，我們當然可以透過索引的形式來指定這個陣列中的元素，就像下面這樣，

```
i = calendar[4][7];
```

我們也確實可以這樣做。還是與前面類似的道理，這個語句可以寫成下面這樣而表達的意思保持不變：

```
i = *(calendar[4]+7);
```

這個語句還可以進一步寫成，

```
i = *(*(calendar+4)+7);
```

從這裡我們不難發現，用帶中括號的索引形式很明顯地要比完全用指標來表達簡便得多。

下面我們再看：

```
p = calendar;
```

這個語句是非法的。因為 calendar 是一個二維陣列，即「陣列的陣列」，在此處的上下文中使用 calendar 名稱會將其轉換為一個指向陣列的指標；而 p 是一

個指向整數型變數的指標，這個語句試圖將一種類型的指標賦值給另一種類型的指標，所以是非法的。

很顯然，我們需要一種宣告指向陣列的指標的方法。經過了第 2 章中對類似問題不厭其煩的討論，建構出下面的語句應該不需要費多大力氣：

```
int (*ap)[31];
```

這個語句實際的效果是，宣告了 *ap 是一個擁有 31 個整數型元素的陣列，因此 ap 就是一個指向這樣的陣列的指標。因此，我們可以這樣寫：

```
int calendar[12][31];
int (*monthp)[31];
monthp = calendar;
```

如此一來，monthp 將指向陣列 calendar 的第 1 個元素，也就是陣列 calendar 的 12 個有著 31 個元素的陣列類型元素之一。

假定在新的一年開始時，我們需要清空 calendar 陣列，用索引形式可以很容易做到：

```
int month;
for (month=0; month<12; month++) {
    int day;
    for (day = 0; day < 31; day++)
        calendar[month][day] = 0;
}
```

上面的程式碼區段如果採用指標應該如何表示呢？我們可以很容易地把

```
calendar[month][day] = 0;
```

表示為

```
*(*(calendar + month) + day) = 0;
```

但是真正有關的部分是哪些呢？

如果指標 monthp 指向一個擁有 31 個整數型元素的陣列，而 calendar 的元素也是一個擁有 31 個整數型元素的陣列，因此就像在其他情況中我們可以使用一個指標巡訪一個陣列一樣，這裡我們同樣可以使用指標 monthp 以步進的方式巡訪陣列 calendar：

```
int (*monthp)[31];
for (monthp = calendar; monthp < &calendar[12]; monthp++)
        /* 處理一個月份的情況 */
```

同樣地，我們可以像處理其他陣列一樣，處理指標 monthp 所指向的陣列的元素：

```
int (*monthp)[31];
for (monthp = calendar; monthp < &calendar[12]; monthp++){
     int *dayp;
     for(dayp = *monthp; dayp<&(*monthp)[31]; dayp++)
          *dayp = 0;
}
```

到目前為止，我們一路行來幾乎是「如履薄冰」，而且已經走得太遠，在我們跌倒之前，最好趁早懸崖勒馬。儘管本節中最後一個例子是合法的 ANSI C 語言程式，但是作者還沒有找到一個能夠讓該程式順利通過編譯的編譯器（譯注：現在大多數的 C 編譯器能夠接受上面例子中的程式碼）。上面例子的討論雖然有些偏離本書的主題，但是這個例子能夠充分揭示出 C 語言中陣列與指標之間的獨特的關係，進而更清楚明白地闡述這兩個概念。

3.2 ｜非陣列的指標

在 C 語言中，字串常數代表了一塊包括字串中所有字元以及一個空字元（'\0'）的記憶體區域的位址。因為 C 語言要求字串常數以空字元作為結束標誌，對於其他字串，C 語言程式設計師通常也沿用了這個慣例。

假定我們有兩個這樣的字串 s 和 t，我們希望將這兩個字串連接成單個字串 r 。要做到這點，我們可以藉助常用的庫函數 strcpy 和 strcat。下面的方法似乎一目了然，可是卻不能滿足我們的目標：

```
char *r;
strcpy(r, s);
strcat(r, t);
```

之所以不行的原因在於不能確定 r 指向何處。我們還應該看到，不僅要讓 r 指向一個位址，而且 r 所指向的位址處還應該有記憶體空間可供容納字串，這個記憶體空間應該是先前以某種方式分配的。

我們再試一次，記住給 r 分配一定的記憶體空間：

```
char r[100];
strcpy(r, s);
strcat(r, t);
```

只要 s 和 t 指向的字串並不是太大，那麼現在我們所用的方法就能夠正常工作。不幸的是，C 語言強制要求我們必須宣告陣列大小為一個常數，因此我們不能確保 r 的大小足夠。然而，大多數 C 語言實作為我們提供了一個庫函數 malloc，該函數接受一個整數，然後分配能夠容納同樣數量的字元的一塊記憶體。大多數 C 語言實作還提供了一個庫函數 strlen，該函數返回一個字串中所包括的字元數量。有了這兩個庫函數，似乎我們就能夠像下面這樣操作了：

```
char *r, *malloc( );
r = malloc(strlen(s) + strlen(t));
strcpy(r, s);
strcat(r, t);
```

這個例子還是錯的，原因歸納起來有三個。第一個原因，malloc 函數有可能無法提供所要求的記憶體，這種情況下 malloc 函數會返回一個空指標來作為「記憶體分配失敗」事件的訊號。

第二個原因，分配給 r 的記憶體在使用完之後應該即時釋放，這點務必要記住。因為在前面的程式例子中 r 是作為一個局部變數宣告的，因此當離開 r 作用域時，r 自動被釋放了。修訂後的程式顯式地給 r 分配了記憶體，為此就必須顯式地釋放記憶體。

第三個原因，也是最重要的原因，就是前面的常式在呼叫 malloc 函數時並未分配足夠的記憶體。我們再回憶一下字串以空字元作為結束標誌的慣例。庫函數 strlen 返回參數中字串所包括的字元數量，而作為結束標誌的空字元並未計算在內。因此，如果 strlen(s) 的值是 n，那麼字串實際需要 n+1 個字元的空間。所以，我們必須為 r 多分配一個字元的空間。做到了這些，並且注意檢查了函數 malloc 是否呼叫成功，我們就得到正確的結果：

```
char *r, *malloc( );
r = malloc(strlen(s) + strlen(t) + 1);
if(!r) {
    complain();
    exit(1);
}
strcpy(r, s);
strcat(r, t);

/* 一段時間之後再使用 */
free(r);
```

3.3 ｜作為參數的陣列宣告

在 C 語言中，我們沒有辦法可以將一個陣列作為函數參數直接傳遞。如果我們使用陣列名稱作為參數，那麼陣列名稱會立刻被轉換為指向該陣列第 1 個元素的指標。例如，下面的語句：

```
char hello[] = "hello";
```

宣告了 hello 是一個字元陣列。如果將該陣列作為參數傳遞給一個函數，

```
printf("%s\n", hello);
```

實際上與將該陣列第 1 個元素的位址作為參數傳遞給函數的作用完全等效，即：

```
printf("%s\n", &hello[0]);
```

因此，將陣列作為函數參數毫無意義。所以，C 語言中會自動地將作為參數的陣列宣告轉換為相應的指標宣告。也就是說，像這樣的寫法：

```
int strlen(char s[])
{
        /* 具體內容 */
}
```

與下面的寫法完全相同：

```
int strlen(char* s)
{
        /* 具體內容 */
}
```

C 語言程式設計師經常錯誤地假設，在其他情形下也會有這種自動地轉換。本書 4.5 節詳細地討論了一個具體的例子，程式設計師經常在此處遇到麻煩：

```
extern char *hello;
```

這個語句與下面的語句有著天壤之別：

```
extern char hello[];
```

如果一個指標參數並不實際代表一個陣列，即使從技術上而言是正確的，採用陣列形式的記法經常會發揮誤導作用。如果一個指標參數代表一個陣列，情況又是如何呢？一個常見的例子就是函數 main 的第二個參數：

```
main(int argc, char* argv[])
{
```

```
        /* 具體內容 */
}
```

這種寫法與下面的寫法完全等價：

```
main(int argc, char** argv)
{
        /* 具體內容 */
}
```

需要注意的是，前一種寫法強調的重點在於 argv 是一個指向某陣列的起始元素的指標，該陣列的元素為字元指標類型。因為這兩種寫法是等價的，所以讀者可以任選一種最能清楚反映自己意圖的寫法。

3.4 │避免「舉隅法」

「舉隅法」（synecdoche）是一種文學修辭上的手段，有點類似於以微笑表示喜悅、讚許之情，或以隱喻表示指代物與被指物的相互關係。在《牛津英語辭典》中，對「舉隅法」（synecdoche）是這樣解釋的：「以涵義更廣泛的詞語來代替涵義相對較窄的詞語，或者相反；例如，以整體代表部分，或者以部分代表整體，以生物的類別來代表生物的物種，或者以生物的物種來代表生物的類別，等等。」

《牛津英語辭典》中這個詞條的說明，倒是恰如其份地描述了 C 語言中一個常見的「陷阱」：混淆指標與指標所指向的資料。對於字串的情形，程式設計者更是經常犯這種錯誤。例如：

```
char *p, *q;
p = "xyz";
```

儘管某些時候我們可以不妨認為，上面的賦值語句使得 p 的值就是字串 "xyz"，然而實際情況並不是這樣，記住這點尤其重要。實際上，p 的值是一個指向由 'x'、'y'、'z'' 和 \0'，4 個字元組成的陣列之起始元素指標。因此，如果我們執行下面的語句：

```
q = p;
```

p 和 q 現在是兩個指向記憶體中同一位址的指標。這個賦值語句並沒有同時複製記憶體中的字元。我們可以用圖 3.1 來表示這種情況：

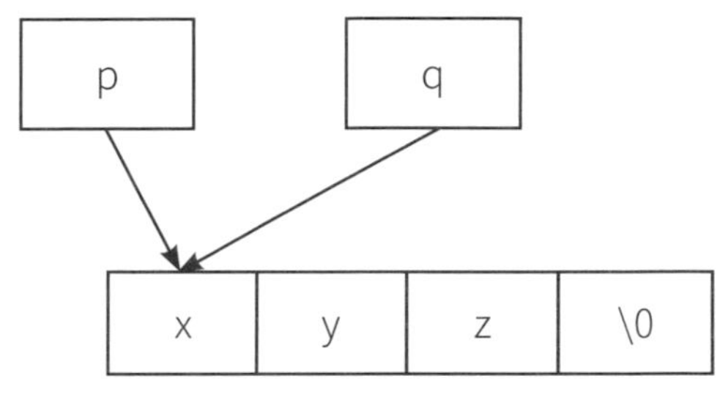

圖 3.1 指標複製示意圖

我們需要記住的是，複製指標並不同時複製指標所指向的資料。

因此，當我們執行完下面的語句之後：

```
q[1] = 'Y';
```

q 所指向的記憶體現在儲存的是字串 'xYz'。因為 p 和 q 所指向的是同一塊記憶體，所以 p 指向的記憶體中儲存的當然也是字串 'xYz'。

> **譯注** ANSI C 標準中禁止對 string literal 作出修改。K&R C 中對這個問題的說明是，試圖修改字串常數的行為是未定義的。某些 C 編譯器還允許 q[1] = 'Y' 這種修改行為，如 LCC v3.6。但是，這種寫法不值得提倡。

3.5 ｜空指標並非空字串

除了一個重要的例外情況，在 C 語言中將一個整數轉換為一個指標，最後得到的結果都取決於具體的 C 編譯器實作。這個特殊情況就是常數 0，編譯器確保由 0 轉換而來的指標，不等於任何有效的指標。出於程式碼檔案化的考慮，常數 0 這個值經常用一個符號來代替：

```
#define NULL 0
```

當然無論是直接用常數 0，還是用符號 NULL，效果都是相同的。需要記住的重要一點是，當常數 0 被轉換為指標使用時，這個指標絕對不能被解除參照（dereference）。換句話說，當我們將 0 賦值給一個指標變數時，絕對不能企圖使用該指標所指向的記憶體中儲存的內容。下面的寫法是完全合法的：

```
if (p == (char *) 0) ...
```

但是如果要寫成這樣：

```
if (strcmp(p, (char *) 0) == 0) ...
```

就是非法的了，原因在於庫函數 strcmp 的實作中會包括查看它的指標參數所指向記憶體中內容之操作。

如果 p 是一個空指標，即使

```
printf(p);
```

和

```
printf("%s", p);
```

的行為也是未定義的。而且，和它類似的語句在不同的電腦上會有不同的效果。本書 7.6 節詳細討論了這個問題。

3.6 │ 邊界計算與不對稱邊界

如果一個陣列有 10 個元素，那麼這個陣列索引的允許取值範圍是什麼呢？

這個問題對於不同的程式設計語言有著不同的答案。例如，對於 Fortran，PL/I 以及 Snobol4 等程式語言，這個陣列的索引取值預設從 1 開始，而且這些語言也允許程式設計者另外指定陣列索引的起始值。而對於 Algol 和 Pascal 語言，陣列索引沒有預設的起始值，程式設計者必須顯式地指定每個陣列的下界與上界。在標準的 Basic 語言中，宣告一個擁有 10 個元素的陣列，實際上編譯器分配了 11 個元素的空間，索引範圍從 0 到 10。

譯注 Basic 中宣告陣列時實際上指定的是上界，而下界預設為 0。

```
Dim Counters(14) As Integer          ' 15 個元素
Dim Sums(20) As Double               ' 21 個元素
```

Basic 中也可以同時指定陣列上界與下界，如：

```
Dim Counters(1 To 15) As Integer
Dim Sums(100 To 120) As String
```

在 C 語言中，這個陣列的索引範圍是從 0 到 9。一個擁有 10 個元素的陣列中，存在索引為 0 的元素，卻不存在索引為 10 的元素。C 語言中一個擁有 n 個元素的陣列，卻不存在索引為 n 的元素，它的元素的索引範圍是從 0 到 n-1 為止，由其他程式語言轉而使用 C 語言的程式設計師在使用陣列時特別要注意。

例如，讓我們來仔細看看本書導讀中的一段程式碼：

```
int i, a[10];
for (i=1; i<=10; i++)
    a[i] = 0;
```

這段程式碼本意是要設置陣列 a 中所有元素為 0，卻產生了一個出人意料的「副效果」。在 for 語句的比較部分本來是 i < 10，卻寫成了 i <= 10，因此實際上並不存在的 a[10] 被設置為 0，也就是記憶體中在陣列 a 之後的一個字（word）的記憶體被設置為 0。如果用來編譯這段程式的編譯器按照記憶體位址遞減的方式來給變數分配記憶體，那麼記憶體中陣列 a 之後的一個字（word）實際上是分配給了整數型變數 i。此時，本來迴圈計數器 i 的值為 10，迴圈體內將並不存在的 a[10] 設置為 0，實際上卻是將計數器 i 的值設置為 0，這就陷入了一個無限迴圈。

儘管 C 語言的陣列會讓新手感到麻煩，然而 C 語言中陣列的這種特別的設計正是其最大優勢所在。要理解這點，需要作一些解釋。

在所有常見的程式設計錯誤中，最難於察覺的一類是「欄杆錯誤」，也常被稱為「差一錯誤（off-by-one error）」。還記得本書導讀中的第 2 個練習提供的問題嗎？那個問題是說：100 英尺長的圍欄每隔 10 英尺需要一根支撐用的欄杆，一共需要多少根欄杆呢？如果不假思索，最「顯而易見」的答案是將 100 除以 10，得到的結果是 10，即需要 10 根欄杆。當然這個答案是錯誤的，正確答案是 11。

也許，得出正確答案的最容易方式是這樣思考：要支撐 10 英尺長的圍欄實際需要 2 根欄杆，兩端各一根。這個問題的另一種考慮方式是：除了最右側的一段圍欄，其他每一段 10 英尺長的圍欄都只在左側有一根欄杆；而例外的最右側一段圍欄不僅左側有一根欄杆，右側也有一根欄杆。

前面一段討論了解決這個問題的兩種方法，實際上提示了我們避免「欄杆錯誤」的兩個通用原則：

1. 首先考慮最簡單情況下的特例，然後將得到的結果外推，這是原則一。

2. 仔細計算邊界，絕不掉以輕心，這是原則二。

將上面總結的內容牢記在心之後，我們現在來看整數範圍的計算。例如，假定整數 x 滿足邊界條件 x>=16 且 x<=37，那麼此範圍內 x 的可能取值個數有多少？換句話說，整數序列 16，17，...，37 一共有多少個元素？很顯然，答案與 37-16（亦即 21）非常接近，那麼到底是 20，21 還是 22 呢？

根據原則一，我們考慮最簡單情況下的特例。這裡假定整數 x 的取值範圍上界與下界重合，即 x>=16 且 x<=16，顯然合理的 x 取值只有 1 個整數，即 16。所以當上界與下界重合時，此範圍內滿足條件的整數序列只有 1 個元素。

再考慮一般的情形，假定下界為 l，上界為 h。如果滿足條件「上界與下界重合」，即 l = h，亦即 h － l = 0。根據特例外推的原則，我們可以得出滿足條件的整數序列有 h － l + 1 個元素。在本例中，就是 37 － 16+ 1，即 22。

造成「欄杆錯誤」的根源正是「h − l + 1」中的「+ 1」。一個字串中由索引為16到索引為37的字元元素所組成的子串，它的長度是多少呢？稍不留意，就會得到錯誤的結果21。很自然地，人們會問這樣一個問題：是否存在一些程式設計技巧，能夠降低這類錯誤發生的可能性呢？

這個程式設計技巧不但存在，而且可以一言以蔽之：用第一個入界點和第一個出界點來表示一個數值範圍。具體而言，前面的例子我們不應說整數x滿足邊界條件x>=16且x<=37，而是說整數x滿足邊界條件x>=16且x<38。注意，這裡下界是「入界點」，即包括在取值範圍之中；而上界是「出界點」，即不包括在取值範圍之中。這種不對稱也許從數學上而言並不優美，但是它對於程式設計的簡化效果卻足以令人吃驚：

1. 取值範圍的大小就是上界與下界之差。38 − 16的值是22，恰恰是不對稱邊界16和38之間所包括的元素數量。
2. 如果取值範圍為空，那麼上界等於下界。這是第1條的直接推論。
3. 即使取值範圍為空，上界也永遠不可能小於下界。

對於像C這樣的陣列索引從0開始的語言，不對稱邊界給程式設計帶來的便利尤其明顯：這種陣列的上界（即第一個「出界點」）恰是陣列元素的個數！因此，如果我們要在C語言中定義一個擁有10個元素的陣列，那麼0就是陣列索引的第一個「入界點」（指處於陣列索引範圍以內的點，包括邊界點），而10就是陣列索引中的第一個「出界點」（指不在陣列索引範圍以內的點，不含邊界點）。正因為此，我們這樣寫：

```
int a[10], i;
for (i = 0; i < 10; i++)
    a[i] = 0;
```

而不是寫成下面這樣：

```
int a[10], i;
for (i = 0; i <= 9; i++)
    a[i] = 0;
```

讓我們作一個假設，如果 C 語言的 for 語句風格類似 Algol 或者 Pascal 語言，那麼就會帶來一個問題：下面這個語句的涵義究竟是什麼？

```
for (i = 0 to 10)
    a[i] = 0;
```

如果 10 是包括在取值範圍內的「入界點」，那麼 i 將取 11 個值，而不是 10 個值。如果 10 是不包括在取值範圍內的「出界點」，那麼原來以其他程式語言為背景的程式設計者會大吃一驚。

另一種考慮不對稱邊界的方式是，把上界視作某序列中第一個被佔用的元素，而把下界視作序列中第一個被釋放的元素。如圖 3.2 所示。

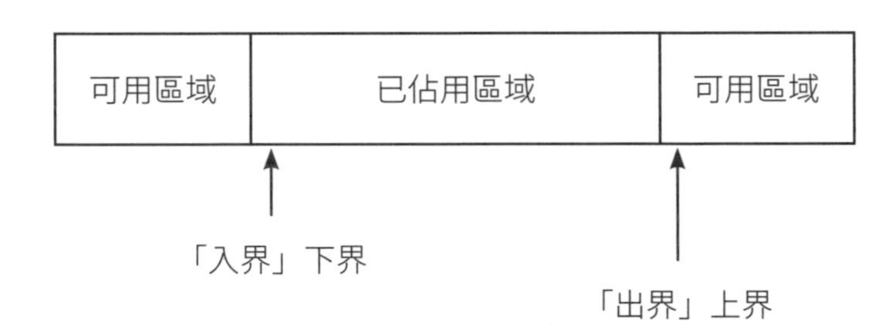

圖 3.2 陣列不對稱邊界示意圖

當處理各種不同類型的緩衝區時，這種看待問題的方式就特別有用。例如，思考這樣一個函數，該函數的功能是將長度無規律的輸入資料送到緩衝區（即一塊能夠容納 N 個字元的記憶體）中去，每當這塊記憶體被「填滿」時，就將緩衝區的內容寫出。緩衝區的宣告可能是下面這個樣子：

```
#define N 1024
static char buffer[N];
```

我們再設置一個指標變數，讓它指向緩衝區的目前位置：

```
static char *bufptr;
```

對於指標 bufptr，我們應該把重點放在哪個方面呢？是讓指標 bufptr 始終指向緩衝區中最後一個已佔用的字元，還是讓它指向緩衝區中第一個未佔用的字元？

前一種選擇很有吸引力，但是考慮到我們對「不對稱邊界」的偏好，後一種選擇更為適合。

按照「不對稱邊界」的慣例，我們可以這樣編寫語句：

```
*bufptr++ = c;
```

這個語句把輸入字元 c 放到緩衝區中，然後指標 bufptr 遞增 1，又指向緩衝區中第 1 個未佔用的字元。

根據前面對「不對稱邊界」的考察，當指標 bufptr 與 &buffer[0] 相等時，緩衝區存放的內容為空，因此初始化時宣告緩衝區為空可以這樣寫：

```
bufptr = &buffer[0];
```

或者，更簡潔一點，直接寫成：

```
bufptr = buffer;
```

任何時候緩衝區中已存放的字元數都是 bufptr - buffer，因此我們可以透過將這個表達式與 N 作比較，來判斷緩衝區是否已滿。當緩衝區全部「填滿」時，表達式 bufptr - buffer 就等於 N，可以推斷緩衝區中未佔用的字元數為 N - (bufptr - buffer)。

前面所有的這些預備知識一旦掌握，我們就可以開始編寫程式了，假設這個函數的名稱是 bufwrite。函數 bufwrite 有兩個參數，第一個參數是一個指標，指向將要寫入緩衝區的第 1 個字元；第二個參數是一個整數，代表將要寫入緩衝區的字元數。假設我們可以呼叫函數 flushbuffer 把緩衝區中的內容寫出，而且函數 flushbuffer 會重置指標 bufptr，使其指向緩衝區的起始位置。如以下所示：

```
void
bufwrite(char *p, int n)
{
    while (--n >= 0) {
        if (bufptr == &buffer[N])
            flushbuffer();
```

```
        *bufptr++ = *p++;
    }
}
```

重覆執行表達式 --n >= 0 只是進行 n 次迭代的一種方法。要驗證這點，我們可以思考最簡單的特例情形，n = 1※。因為迴圈執行 n 次，每次迭代從輸入緩衝區中取走一個字元，所以輸入的每個字元都將得到處理，而且也不會額外執行多餘的處理操作。

註 在大多數 C 語言實作中，--n >= 0 至少與等效的 n-- > 0 一樣快，甚至在某些 C 實作中還要更快。第一個表達式 --n >= 0 的大小首先從 n 中減去 1，然後將結果與 0 比較；第二個表達式則首先保存 n，從 n 中減去 1，然後比較保存值與 0 的大小。某些編譯器如果其「智慧」足夠高，可以發現後一個操作有可能按照比寫出來的更有效率的方式執行。但是我們不應該依賴這點。

我們注意到前面程式碼區段中出現了 bufptr 與 &buffer[N] 的比較，而 buffer[N] 這個元素是不存在的！陣列 buffer 的元素索引從 0 到 N - 1，根本不可能是 N。我們用這種寫法：

```
if (bufptr == &buffer[N])
```

代替了下面等效的寫法：

```
if (bufptr > &buffer[N - 1])
```

原因在於我們要堅持遵循「不對稱邊界」的原則：我們要比較指標 bufptr 與緩衝區後第一個字元的位址，而 &buffer[N] 正是這個位址。但是，參照一個並不存在的元素又有什麼意義呢？

幸運的是，我們並不需要參照這個元素，而只需要參照這個元素的位址，並且這個位址在我們遇到的所有 C 語言實作中又是「千真萬確」存在的。而且，ANSI C 標準明確允許這種用法：陣列中實際不存在的「溢界」元素的位址位於陣列所佔記憶體之後，這個位址可以用於進行賦值和比較。當然，如果要參照該元素，那就是非法的了。

照前面的寫法，程式已經能夠工作，但是我們還可以進一步最佳化，以提高程式的執行速度。儘管一般而論程式最佳化問題超過了本書所涉及的範圍，但這個特定的例子中，還是有值得我們考量其有關計數方面的特性。

這個程式絕大部分的開銷，來自於每次迭代都要進行的兩個檢查：一個檢查用於判斷迴圈計數器是否到達終值；另一個檢查用於判斷緩衝區是否已滿。這樣做的結果就是一次只能轉移一個字元到緩衝區。

假定我們有一種方法能夠一次移動 k 個字元。大多數 C 語言實作（以及全部正確的 ANSI C 實作）都有一個庫函數 memcpy，可以做到這點，而且這個函數通常是用組合語言實作的以提高執行速度。即使你的 C 語言實作沒有提供這個函數，自己寫一個也很容易：

```
void
memcpy(char *dest, const char *source, int k)
{
    while (--k >= 0)
        *dest++ = *source++;
}
```

我們現在可以讓函數 bufwrite 利用庫函數 memcpy 來一次轉移一批字元到緩衝區，而不是一次僅轉移一個字元。迴圈中的每次迭代在必要時會刷新快取、計算需要移動的字元數量、移動這些字元、最後恰當地更新計數器。如以下所示：

```
void
bufwrite(char *p, int n)
{
    while (n > 0) {
        int k, rem;
        if (bufptr == &buffer[N])
            flushbuffer();
        rem = N - (bufptr - buffer);
        k = n > rem? rem: n;
        memcpy(bufptr, p, k);
        bufptr += k;
        p += k;
        n -= k;
    }
}
```

很多程式設計者在寫出這樣的程式時，總是感到有些猶豫不決，他們擔心可能會寫錯。而有的程式設計師似乎很有些「大無畏」精神，最後結果還是寫錯了。確實，像這樣的程式碼技巧性很強，如果沒有很好的理由，我們不應該嘗試去做。但是如果是「師出有名」，那麼理解這樣的程式碼應該如何寫就很重要了。只要我們記住前面的兩個原則，特例外推法和仔細計算邊界，我們應該完全有信心做對。

在迴圈的入口處，n 是需要轉移到緩衝區的字元數。因此，只要 n 還大於 0，也就是還有剩餘字元沒有被轉移，迴圈就應該繼續進行下去。每次進入迴圈體，我們將要轉移 k 個字元到緩衝區中，而不是像過去一樣每次只轉移一個字元。上面的程式碼中，最後四行語句管理著字元轉移的過程，（1）從緩衝區中第 1 個未佔用字元開始，複製 k 個字元到其中；（2）將指標 bufptr 指向的位址前移 k 個字元，使其仍然指向緩衝區中第 1 個未佔用字元；（3）輸入字串的指標 p 前移 k 個字元；（4）將 n（即待轉移的字元數）減去 k。我們很容易看到，這些語句正確地完成了各自任務。

在迴圈的一開始，仍然保留了原來版本中的第一個檢查，如果緩衝區已滿，則刷新它，並重置指標 bufptr。這就確保了在檢查之後，緩衝區中還有空間。

唯一困難的部分就是確定 k，即在確保緩衝區安全（不發生溢出）的情況下可以一次轉移的最多字元數。k 是下面兩個數中較小的一個：輸入資料中還剩餘的待轉移字元數（即 n），以及緩衝區中未佔用的字元數（即 rem）。

計算 rem 的方法有兩種。前面的例子顯示了其中的一種：緩衝區中目前可用字元數（即 rem），是緩衝區中整體字元數（N）減去已佔用的字元數（即 bufptr - buffer）的差，也就是 N - (bufptr - buffer)。

另一種計算 rem 的方法是把緩衝區中的空餘部分看成一個區間，直接計算這個區間的長度。指標 bufptr 指向這個區間的起點，而 buffer + N（也就是 &buffer[N]）指向這個區間的終點（出界點）。並且它們滿足「不對稱邊界」的條件，指標 bufptr 由於指向的是第 1 個未佔用字元，因此是「入界點」；而 &buffer[N] 所代表的位置在陣列 buffer 最後一個元素 buffer[N - 1] 之後，因此是「出界點」。所以，根據我們的這個觀點，緩衝區中的可用字元數為 (buffer + N) - bufptr 。稍加思考，我們就會發現

```
(buffer + N) - bufptr
```

完全等價於

```
N - (bufptr - buffer)
```

再看一個與計數有關的例子。這個例子中，我們需要編寫一個程式，該程式按一定順序產生一些整數，並將這些整數按列輸出。把這個例子的要求說得更明確一點就是：程式的輸出可能包括若干頁的整數，每頁包括 NCOL 行，每行又包括 NROWS 個元素，每個元素就是一個待輸出的整數。還要注意，程式產生的整數是按行連續分佈的，而不是按列分佈的。

對這個例子，我們關注的重點應該放在與計數有關的特性方面，因此不妨再做一些簡化的假設。首先，我們假定這個程式是由兩個函數 print 和 flush 來實作。而決定哪些數值應該列印，是其他程式的責任。每次當有新的數值產生時，這個另外的程式就會把該數值作為參數傳遞給函數 print，要注意函數 print 僅當緩衝區已滿時才列印，未滿時將該數值存入緩衝區；而當最後一個數值產生出來之後，就會呼叫函數 flush 刷新，此時無論緩衝區是否已滿，其中所有的數值都將被列印。其次，我們假定列印任務分別由三個函數完成：函數 printnum 在本頁的目前位置列印一個數值；函數 printnl 則列印一個換行字元，另起新的一行；函數 printpage 則列印一個分頁符，另起新的一頁。每一行都必須以換行字元結束，即使是一頁中的最後一行也必須以換行字元結束後，然後再列印一個分頁符。這些列印函數按照從左到右的順序「填滿」每個輸出行，一行被列印後就不能被撤銷或變更。

對於這個問題，我們需要意識到的第一點就是，如果要完成程式要求的任務，某種形式的緩衝區不可或缺。我們必須在看到第 1 行的所有元素之後，才可能知道第 2 行的第 1 個元素（也就是第 1 列的第 2 個元素）的內容。但是，我們又必須在列印完第 1 列之後，才有可能列印第 1 行的第 2 個元素（即第 2 列的第 1 個元素）。

這個緩衝區應該有多大呢？乍看緩衝區似乎需要能夠大到足以容納一整頁的數值，但仔細一想，並不需要這麼大的空間：因為按照問題的定義，我們知道每頁的行數與列數，那麼對於最後一行中的每個元素，也就是相應列的最後一個元素，只要我們得到它的數值，就可以立即列印出來。因此，我們的緩衝區不必包括最後一行：

```
#define BUFSIZE (NROWS*(NCOLS-1))
static int buffer[BUFSIZE];
```

我們之所以宣告 buffer 為靜態陣列，是為了預防它被程式的其他部分存取。本書的 4.3 節將詳細討論 static 宣告。

我們對函數 print 的程式設計策略大致如下：如果緩衝區未滿，就把產生的數值放到緩衝區中；而當緩衝區已滿時，此時讀入的數值就是一頁中最後 1 行的某個元素，這時就列印出該元素所對應的列（按照上一段中所講的，這個元素可以直接列印，不必放入緩衝區）。當一頁中所有的列都已經輸出，我們就清空緩衝區。

需要注意，這些整數進入緩衝區的順序與出緩衝區的順序並不一致：我們是按行去接受數值，卻是按列去列印數值。這就出現了一個問題，在緩衝區中是同一列的元素相鄰排列還是同一行的元素相鄰排列？我們可以任意選擇一種方式，這裡假定是同一行的元素相鄰排列。這種選擇使所有的數值進入緩衝區非常地直截了當，逕自連續排列下去就是了，但是出緩衝區的方式卻相對複雜一些。要追蹤元素進入緩衝區時所處的位置，一個指標就足夠了。我們可以初始化這個指標，使其指向緩衝區的第 1 個元素：

```
static int *bufptr = buffer;
```

現在，我們對函數 print 的結構算是有了一點眉目。函數 print 接受一個整數型參數，如果緩衝區還有空間，就將其置入緩衝區；否則，執行「某些暫時不能確定的操作」。讓我們把到目前為止對函數 print 的一些認知記錄下來：

```
void
print(int n)
{
    if (bufptr == &buffer[BUFSIZE]) {
        /* 某些暫時不能確定的操作 */
    }else
        *bufptr++ == n;
}
```

這裡的「某些暫時不能確定的操作」包括了列印目前列的所有元素，使目前列的序號遞增 1，如果一頁內的所有列都已經列印，則另起新的一頁。為了做到這些，很顯然我們需要記住目前列號；因此，我們宣告一個局部靜態變數 row 來儲存目前列號。

我們如何做到列印目前列的所有元素呢？乍想似乎漫無頭緒，實際上如果看待問題的方式恰當，也就是俗話所說的「思路對了」，則相當簡單。我們知道，對於序號為 row 的列，其第 1 個元素就是 buffer[row]，並且元素 buffer[row] 肯定存在。因為元素 buffer[row] 屬於第 1 行，如果它不存在，則我們根本不可能透過 if 語句的條件判斷。我們還知道，同一列中的相鄰元素在緩衝區中是相隔 NROWS 個元素排列的。最後，我們知道指標 bufptr 指向的位置剛好在緩衝區中最後一個已佔用元素之後。因此，我們可以透過下面這個迴圈語句來列印緩衝區中屬於目前列的所有元素（注意，目前列的最後一個元素不在緩衝區，所以是「緩衝區中屬於目前列的所有元素」，而不是「目前列的所有元素」）：

```
int *p;
for (p = buffer+row; p < bufptr; p += NROWS)
    printnum(*p);
```

這裡為了簡潔起見，我們用 buffer+row 代替了 &buffer[row] 。

剩下的「暫時不能確定的操作」就很簡單了：列印目前輸入數值（即目前列的最後一個元素），列印換行字元以結束目前列，如果是一頁的最後一列還要另起新的一頁：

```
printnum(n);                        /* 列印目前列的最後一個元素 */
println();                          /* 另起新的一列 */
if (++row == NROWS) {
    printpage();
    row = 0;             /* 重置目前列號 */
    bufptr = buffer;     /* 重置指標 bufptr */
}
```

因此，最後的 print 函數看上去就像這樣：

```
void
print(int n)
{
    if (bufptr == &buffer[BUFSIZE]) {
        static int row = 0;
        int *p;
        for (p = buffer+row; p < bufptr;
                 p += NROWS)
            printnum(*p);
        printnum(n);                /* 列印目前列的最後一個元素 */
        println();                  /* 另起新的一列 */

        if (++row == NROWS) {
            printpage();
            row = 0;                /* 重置目前列序號 */
            bufptr = buffer;        /* 重置指標 bufptr */
        }
    } else
        *bufptr++ = n;
}
```

現在我們接近大功告成了：只需要編寫函數 flush，它的作用是列印緩衝區中所有剩餘元素。要做到這點，基本機制與函數 print 中列印目前列所有元素類似，只需要將其作為內迴圈，在其上另外套一個外迴圈（作用是巡訪一頁中的每一列）：

```
void
flush()
{
```

```
    int row;
    for (row = 0; row < NROWS; row++) {
        int *p;
        for (p = buffer + row; p < bufptr;
                p += NROWS)
            printnum(*p);
        println();
    }
printpage();
}
```

函數 flush 的這個版本顯得有些太中規中矩、平白無奇了：如果最後一頁只包括僅僅一行甚至是不完全的一行，函數 flush 仍然會逐列列印出全部的一頁，只不過沒有元素的地方都是空白而已。事實上，即使最後一頁為空，函數 flush 仍然還會全部列印出來，只不過一頁全是空白而已。從技術上說，這種做法雖然也滿足了問題定義中的要求，但卻不符合程式美學的觀點。如果沒有數值可供列印，就應該立即停止列印。我們可以透過計算緩衝區中有多少項目來做到這點。如果緩衝區中什麼也沒有，我們並不需要開始新的一頁：

```
void
flush()
{
    int row;
    int k = bufptr - buffer; /* 計算緩衝區中剩餘項目的數量 */
    if (k > NROWS)
        k = NROWS;
    if (k > 0) {
        for (row = 0; row < k; row++) {
            int *p;
            for (p = buffer + row; p < bufptr;
                    p += NROWS)
                printnum(*p);
            println();
        }
        printpage();
    }
}
```

3.7 ｜求值順序

本書 2.2 節討論了運算子優先級的問題。求值順序則完全是另一碼事。運算子優先級是關於諸如表達式

```
a + b * c
```

應該被解釋成

```
a + (b * c)
```

而不是

```
(a + b) * c
```

諸如此類的規則。求值順序是另一類規則，可以確保像下面的語句

```
if (count != 0 && sum/count < smallaverage)
    printf("average < %g\n", smallaverage);
```

即使當變數 count 為 0 時，也不會產生一個「用 0 作除數」的錯誤。

C 語言中的某些運算子總是以一種已知的、規定的順序來對運算元進行求值，而另外一些則不是這樣。例如，思考下面的表達式：

```
a < b && c < d
```

C 語言的定義中說明 a < b 應當首先被求值。如果 a 確實小於 b，此時必須進一步對 c < d 求值，以確定整個表達式的值。但是，如果 a 大於或等於 b，則無需對 c < d 求值，因為表達式肯定為假。

另外，要對 a < b 求值，編譯器可能先對 a 求值，也可能先對 b 求值，在某些機器上甚至有可能對它們同時平行求值。

C 語言中只有四個運算子（&&、|| 、?: 和 ,）存在規定的求值順序。運算子 && 和運算子 || 首先對左側運算元求值，只在需要時才對右側運算元求值。運算子 ?: 有三個運算元：在 a?b:c 中，運算元 a 首先被求值，根據 a 的值再求運算元 b 或 c 的值。而逗號運算子 , 首先對左側運算元求值，然後該值被「丟棄」，再對右側運算元求值。

> **註** 分隔函數參數的逗號並非逗號運算子。例如，x 和 y 在函數 f(x, y) 中的求值順序是未定義的，而在函數 g((x, y)) 中卻是確定的先 x 後 y 的順序。在後一個例子中，函數 g 只有一個參數。這個參數的值是這樣求得的，先對 x 求值，然後 x 的值被「丟棄」，接著求 y 的值。

C 語言中其他所有運算子，對其運算元求值的順序是未定義的。尤其是賦值運算子並不確保任何求值順序。

運算子 && 和運算子 ||，對於確保檢查操作按照正確的順序執行非常重要。例如，在語句

```
if (y != 0 && x/y > tolerance)
    complain();
```

中，就必須確保僅當 y 非 0 時，才對 x/y 求值。

下面這種從陣列 x 中，複製前 n 個元素到陣列 y 的做法是不正確的，因為它對求值順序作了太多的假設：

```
i = 0;
while (i < n)
    y[i] = x[i++];
```

問題出在哪裡呢？上面的程式碼假設 y[i] 的位址將在 i 的累加操作執行之前被求值，但這點並不一定會發生！在 C 語言的某些實作上，有可能在 i 累加之前被求值；而在另外一些實作上，有可能和它相反。同樣道理，下面這種版本的寫法與之前類似，也不是正確的：

```
i = 0;
while (i < n)
    y[i++] = x[i];
```

另一方面，下面這種寫法卻能正確工作：

```
i = 0;
while (i < n) {
    y[i] = x[i];
    i++;
}
```

當然，這種寫法可以簡化為：

```
for (i = 0; i < n; i++)
    y[i] = x[i];
```

3.8 ｜運算子 &&、|| 和 !

C 語言中有兩類邏輯運算子，某些時候可以互換：位元運算子 &、| 和 ~，以及邏輯運算子 &&、|| 和！。如果程式設計師用其中一類的某個運算子替換掉另一類中對應的運算子，他也許會大吃一驚：互換之後程式看上去還能「正常」工作，但是實際上這只是巧合罷了。

位元運算子 &、| 和 ~ 對運算元的處理方式，是將其視為一個二進制的位元序列，並分別對每個位元進行操作。例如，10&12 的結果是 8，因為運算子 & 是按照運算元的二進制表示形式，來對每個位元逐一進行比較，若且唯若二數在某個位元同時為 1 的時候，該位元的最後結果才是 1。所以 10（其二進制表示為 1010）和 12（二進制表示為 1100）的 & 運算結果為 8（二進制表示為 1000）。同樣道理，10|12 的結果是 14（二進制表示為 1110），而 ~10 的結果是 -11（二進制表示為 11...110101），至少在以二進制補數來表示負數的機器上是這個結果。

另一方面，邏輯運算子 &&、|| 和 ! 對運算元的處理方式，是將其視為要嘛是「真」，要嘛是「假」。通常約定是將 0 視為「假」，而非 0 視為「真」。這些運算子當結果為「真」時返回 1，當結果為「假」時返回 0，它們只可能返回 0 或 1。而且，運算子 && 和運算子 || 在左側運算元的值能夠確定最終結果時，根本不會對右側運算元求值。

因此，我們能夠很容易求得這個表達式的結果：!10 的結果是 0，因為 10 是非 0 數；10&&12 的結果是 1，因為 10 和 12 都不是 0；10||12 的結果也是 1，因為 10 不是 0。而且，在最後一個式子中，12 根本不會被求值；在表達式 10||f( ) 中，f( ) 也不會被求值。

考慮下面的程式碼區段，其作用是在表中查詢一個特定的元素：

```
i = 0;
while (i < tabsize && tab[i] != x)
    i++;
```

這個迴圈語句的用意是：如果 i 等於 tabsize 時迴圈終止，就說明在表中沒有發現要找的元素；而如果是其他情況，此時 i 的值就是要找的元素在表中的索引。注意在這個迴圈中用到了不對稱邊界。

假定我們無意中用運算子 & 替換了上面語句中的運算子 &&：

```
i = 0;
while (i < tabsize & tab[i] != x)
    i++;
```

這個迴圈語句也有可能「正常」工作，但僅僅是因為兩個非常僥倖的原因。

第一個「僥倖」是，while 中的表達式 & 運算子的兩側都是比較運算，而比較運算的結果在為「真」時等於 1，在為「假」時等於 0。只要 x 和 y 的取值都限制在 0 或 1，那麼 x&y 與 x&&y 總是得出相同的結果。然而，如果兩個比較運算中的任何一個用除 1 之外的非 0 數代表「真」，那麼這個迴圈就不能正常工作了。

第二個「僥倖」是，對於陣列結尾之後的下一個元素（實際上是不存在的），只要程式不去改變該元素的值，而僅僅讀取它的值，一般情況下是不會有什麼危害。運算子 & 和運算子 && 不同，運算子 & 兩側的運算元都必須被求值。所以在後一個程式碼區段中，如果 tabsize 等於 tab 中的元素個數，當迴圈進入最後一次迭代時，即使 i 等於 tabsize，也就是說陣列元素 tab[i] 實際上並不存在，程式仍然會查看元素的值。

回憶一下我們在本書的 3.6 節中曾經提到的內容：對於陣列結尾之後的下一個元素，取它的位址是合法的。而本節中我們試圖去實際讀取這個元素的值，這種做法的結果是未定義的，而且絕少有 C 編譯器能夠檢測出這個錯誤。

3.9 ｜整數溢出

C 語言中存在兩類整數算術運算，有符號運算與無符號運算。在無符號算術運算中，沒有所謂的「溢出」一說：所有的無符號運算都是以 2 的 n 次方為模，這裡 n 是結果中的位數。如果算術運算子的一個運算元是有符號整數，另一個是無符號整數，那麼有符號整數會被轉換為無符號整數，「溢出」也不可能發生。但是，當兩個運算元都是有符號整數時，「溢出」就有可能發生，而且「溢出」的結果是未定義的。當一個運算的結果發生「溢出」時，作出任何假設都是不安全的。

例如，假定 a 和 b 是兩個非負整數型變數，我們需要檢查 a+b 是否會「溢出」。一種想當然的方式是這樣：

```
if (a + b < 0)
    complain();
```

這並不能正常執行。當 a+b 確實發生「溢出」時，所有關於結果如何的假設都不再可靠。例如，在某些機器上，加法運算將設置一個內部暫存器為四種狀態之一：正、負、零和溢出。在這種機器上，C 編譯器完全有理由這樣來實作上面的例子，即 a 與 b 相加，然後檢查該內部暫存器的標誌是否為「負」。當加法操作發生「溢出」時，這個內部暫存器的狀態是溢出而不是負，那麼 if 的語句的檢查就會失敗。

一種正確的方式是將 a 和 b 都強制轉換為無符號整數：

```
if ((unsigned)a + (unsigned)b > INT_MAX)
    complain();
```

此處的 INT_MAX 是一個已定義常數，代表可能的最大整數值。ANSI C 標準在 <limits.h> 中定義了 INT_MAX；如果是在其他 C 語言實作上，讀者也許需要自己重新定義。

不需要用到無符號算術運算的另一種可行方法是：

```
if (a > INT_MAX - b)
    complain();
```

3.10 ｜為函數 main 提供返回值

最簡單的 C 語言程式也許是像下面這樣：

```
main()
{
}
```

這個程式包含一個不易察覺的錯誤。函數 main 與其他任何函數一樣，如果並未顯式宣告返回類型，那麼函數返回類型就預設為是整數型。但是這個程式中並沒有提供任何返回值。

通常說來，這不會造成什麼危害。一個返回值為整數型的函數如果返回失敗，實際上是隱含地返回了某個「垃圾」整數。只要該數值不被用到，就無關緊要。

然而，在某些情形下函數 main 的返回值卻並非無關緊要。大多數 C 語言實作都透過函數 main 的返回值來告知作業系統該函數的執行是成功還是失敗。典型的處理方案是，返回值為 0 代表程式執行成功，返回值非 0 則表示程式執行失敗。如果一個程式的 main 函數並不返回任何值，那麼有可能看上去執行失敗。如果正在使用一個軟體管理系統，該系統關注程式被呼叫後執行是成功還是失敗，那麼很可能得到令人驚訝的結果。

嚴格來說，我們前面最簡單的 C 語言程式，應該像下面這樣編寫：

```
main()
{
    return 0;
}
```

或者寫成：

```
main()
{
    exit(0);
}
```

最為經典的「hello world」程式看上去應該像這樣：

```
#include <stdio.h>

main() {
    printf("hello world\n");
    return 0;
}
```

練習 3-1

假定對於索引越界的陣列元素，即使取其位址也是非法的，那麼本書 3.6 節中的 bufwrite 程式應該如何寫呢？

練習 3-2

比較本書 3.6 節中函數 flush 的最後一個版本與以下版本：

```
void
flush()
{
    int row;
    int k = bufptr - buffer;
    if (k > NROWS)
        k = NROWS;
    for (row = 0; row < k; row++) {
```

```
        int *p;
        for (p = buffer + row; p < bufptr;
                p += NROWS)
            printnum(*p);
        printnl();
    }
    if (k > 0)
        printpage();
}
```

練習 3-3

編寫一個函數，對一個已排序的整數表執行二分搜尋。函數的輸入包括一個指向表頭的指標，表中的元素個數，以及待搜尋的數值。函數的輸出是一個指向滿足搜尋要求的元素的指標，當未搜尋到滿足要求的數值時，輸出一個 NULL 指標。

Chapter

04

連結

一個 C 語言程式可能是由多個分別編譯的部分組成，這些不同部分透過一個通常叫做連結器（也叫連結編輯器，或載入器）的程式合併成一個整體。因為編譯器一般每次只處理一個檔案，所以它不能檢測出那些需要一次瞭解多個原始程式檔案，才能察覺的錯誤。而且，在許多系統中連結器是獨立於 C 語言實作的，因此如果前述錯誤的原因是與 C 語言相關，連結器對此同樣束手無策。

某些 C 語言實作提供了一個稱為 lint 的程式，可以捕獲到大量的此類錯誤，但遺憾的是並非全部的 C 語言實作都提供了該程式。如果能夠找到諸如 lint 的程式，就一定要善加利用，這點無論怎麼強調都不為過。

在本章中，我們將考查一個典型的連結器，注意它是如何對 C 語言程式進行處理，進而歸納出一些連結器的特點，所可能導致的錯誤。

4.1 ｜什麼是連結器

C 語言中的一個重要觀念就是分別編譯（Separate Compilation），即若干個原始程式可以在不同的時候單獨進行編譯，然後在恰當的時候整合在一起。但是，連結器一般是與 C 編譯器分離的，它不可能瞭解 C 語言的諸多細節。那麼，連結器是如何做到把若干個 C 原始程式，合併成一個整體呢？儘管連結器並不理解 C 語言，然而它卻能夠理解機器語言和記憶體佈局。編譯器的責任是把 C 原始程式「翻譯」成對連結器有意義的形式，這樣連結器就能夠「讀懂」C 原始程式了。

典型的連結器把由編譯器或組譯器產生的若干個目標模組，整合成一個被稱為載入模組或可執行檔案的實體，該實體能夠被作業系統直接執行。其中，某些目標模組是直接作為輸入提供給連結器的；而另外一些目標模組則是根據連接過程的需要，從包括有類似 printf 函數的函數庫檔案中取得的。

連結器通常把目標模組看成是由一組外部物件（external object）組成的。每個外部物件代表著機器記憶體中的某個部分，並透過一個外部名稱來識別。因此，程式中的每個函數和每個外部變數，如果沒有被宣告為 static，就都是一個外部物件。某些 C 編譯器會對靜態函數和靜態變數的名稱做一定的改變，將它們也作為外部物件。由於經過了「名稱修飾」，所以它們不會與其他原始程式檔案中的同名函數或同名變數發生命名衝突。

大多數連結器都禁止同一個載入模組中，兩個不同外部物件擁有相同的名稱。然而，在多個目標模組整合成一個載入模組時，這些目標模組可能就包含了同名的外部物件。連結器的一個重要工作就是處理這類命名衝突。

處理命名衝突最簡單的辦法就是乾脆完全禁止。對於外部物件是函數的情形，這種做法當然正確，一個程式如果包括兩個同名的不同函數，編譯器根本就不應該接受。而對於外部物件是變數的情形，問題就變得有些困難了。不同的連結器對這種情形有著不同的處理方式，我們將在後面看到這點的重要性。

有了這些資訊，我們現在可以大致想像出連結器是如何工作了。連結器的輸入是一組目標模組和函數庫檔案。連結器的輸出是一個載入模組。連結器讀入目標模組和函數庫檔案，同時產生載入模組。對每個目標模組中的每個外部物件，連結器都要檢查載入模組，看是否已有同名的外部物件。如果沒有，連結器就將該外部物件添加到載入模組中；如果有，連結器就要開始處理命名衝突。

除了外部物件之外，目標模組中還可能包括了對其他模組中的外部物件的參照。例如，一個呼叫了函數 printf 的 C 語言程式所產生的目標模組，就包括了一個對函數 printf 的參照。可以推測得出，該參照指向的是一個位於某個函數庫檔案中的外部物件。在連結器產生載入模組的過程中，它必須同時記錄這些外部物件的參照。當連結器讀入一個目標模組時，它必須解析出這個目標模組中定義的所有外部物件的參照，並作出標記說明這些外部物件不再是未定義的。

因為連結器對 C 語言「知之甚少」，所以有很多錯誤不能被檢測出來。再次強調，如果讀者的 C 語言實作中提供了 lint 程式，切記要使用！

4.2 ｜宣告與定義

下面的宣告語句：

```
int a;
```

如果其位置出現在所有的函數體之外，那麼它就被稱為外部物件 a 的定義。這個語句說明了 a 是一個外部整數型變數，同時為 a 分配了儲存空間。因為外部物件 a 並沒有被明確指定任何初始值，所以它的初始值預設為 0（某些系統中的連結器對以其他語言編寫的程式並不保證這點，C 編譯器有責任以適當方式通知連結器，確保未指定初始值的外部變數被初始化為 0）。

下面的宣告語句

```
int a = 7;
```

在定義 a 的同時也為 a 明確指定了初始值。這個語句不僅為 a 分配記憶體，而且也說明了在該記憶體中應該儲存的值。

下面的宣告語句

```
extern int a;
```

並不是對 a 的定義。這個語句仍然說明了 a 是一個外部整數型變數，但是因為它包括了 extern 關鍵字，這就顯式地說明了 a 的儲存空間是在程式的其他地方分配的。從連結器的角度來看，上述宣告是一個對外部變數 a 的參照，而不是對 a 的定義。因為這種形式的宣告是對一個外部物件的顯式參照，即使它出現在一個函數的內部，也仍然具有同樣的涵義。下面的函數 srand 在外部變數 random_seed 中保存了其整數型參數 n 的一份複製：

```
void
srand(int n)
{
    extern int random_seed;
    random_seed = n;
}
```

每個外部物件都必須在程式某個地方進行定義。因此，如果一個程式中包括了語句

```
extern int a;
```

那麼，這個程式就必須在別的某個地方包括語句

```
int a;
```

這兩個語句既可以是在同一個原始檔案中，也可以位於程式的不同原始檔案之中。

如果一個程式對同一個外部變數的定義不止一次，又將如何處理呢？也就是說，假定下面的語句

```
int a;
```

出現在兩個或者更多的不同原始檔案中，情況會是怎樣呢？或者說，如果語句

```
int a = 7;
```

出現在一個原始檔案中，而語句

```
int a = 9;
```

出現在另一個原始檔案中，將出現什麼樣的情形呢？這個問題的答案與系統有關，不同的系統可能有不同的處理方式。嚴格的規則是，每個外部變數只能夠定義一次。如果外部變數的多個定義各指定一個初始值，例如：

```
int a = 7;
```

出現在一個原始檔案中，而

```
int a = 9;
```

出現在另一個原始檔案中，大多數系統都會拒絕接受該程式。但是，如果一個外部變數在多個原始檔案中定義卻並沒有指定初始值，那麼某些系統會接受這個程式，而另外一些系統則不會接受。想要在所有的 C 語言實作中避免這個問題，唯一的解決辦法就是每個外部變數只定義一次。

4.3 | 命名衝突與 static 修飾子

兩個具有相同名稱的外部物件實際上代表的是同一個物件，即使程式設計者的本意並非如此，但系統卻會如此處理。因此，如果在兩個不同的原始檔案中都包括了定義

```
int a;
```

那麼，它或者表示程式錯誤（如果連結器禁止外部變數重覆定義的話），或者在兩個原始檔案中共享 a 的同一個實例（無論兩個原始檔案中的外部變數 a 是否應該共享）。

即使其中 a 的一個定義是出現在系統提供的函數庫檔案中，也仍然進行同樣的處理。當然，一個設計良好的函數庫不至於定義 a 作外部名稱。但是，要瞭解函數庫中定義的所有外部物件名稱卻也並非易事。類似於 read 和 write 這樣的名稱不難猜到，但其他的名稱就沒有這麼容易了。

ANSI C 定義了 C 標準函數庫，列出了經常用到並可能因此引發命名衝突的所有函數。如此一來，我們就容易避免與函數庫檔案中的外部物件名稱發生衝突。如果一個庫函數需要呼叫另一個未在 ANSI C 標準中列出的庫函數，那麼它應該以「隱藏名稱」來呼叫後者。這就使得程式設計師可以定義一個函數，例如函數名為 read，而不用擔心庫函數 getc 本應呼叫函數庫檔案中的 read 函數，卻呼叫了這個用戶定義的 read 函數。但大多數 C 語言實作並不是這樣做，因此這類命名衝突仍然是一個問題。

static 修飾子是一個能夠減少此類命名衝突的有用工具。例如，以下宣告語句

```
static int a;
```

其涵義與下面的語句相同

```
int a;
```

只不過，a 的作用域限制在一個原始檔案內，對於其他原始檔案，a 是不可見的。因此，如果若干個函數需要共享一組外部物件，可以將這些函數放到一個原始檔案中，把它們需要用到的物件也都在同一個原始檔案中以 static 修飾子宣告。

static 修飾子不僅適用於變數，也適用於函數。如果函數 f 需要呼叫另一個函數 g，而且只有函數 f 需要呼叫函數 g，我們可以把函數 f 與函數 g 都放到同一個原始檔案中，並且宣告函數 g 為 static：

```
static int
g(int x)
{
    /* g 函數體 */
}

void f() {
{
    /* 其他內容 */
    b = g(a);
}
```

我們可以在多個原始檔案中定義同名的函數 g，只要所有的函數 g 都被定義為 static，或者僅僅只有其中一個函數 g 不是 static。因此，為了避免可能出現的命名衝突，如果一個函數僅僅被同一個原始檔案中的其他函數呼叫，我們就應該宣告該函數為 static。

4.4 ｜形式參數、實際參數與返回值

任何 C 函數都有一個形式參數列表，列表中的每個參數都是一個變數，該變數在函數呼叫過程中被初始化。下面這個函數有一個整數型形式參數：

```
int
abs(int n)
{
    return n<0? -n: n;
}
```

而對某些函數來說，形式參數列表為空。例如，

```
void
eatline()
{
    int c;
    do c = getchar();
    while (c != EOF && c != '\n');
}
```

函數呼叫時，呼叫方將實際參數列表傳遞給被調函數。在下面的例子中，a - b 是傳遞給函數 abs 的實際參數：

```
if (abs(a - b) > n)
    printf("difference is out of range\n");
```

一個函數如果形式參數列表為空，在被呼叫時實際參數列表也為空。例如，

```
eatline():
```

任何一個 C 函數都有返回類型，要麼是 void，要麼是函數產生結果的類型。函數的返回類型理解起來要比參數類型相對容易一些，因此我們將首先討論它。

如果任何一個函數在呼叫它的每個檔案中，都在第一次被呼叫之前進行了宣告或定義，那麼就不會有任何與返回類型相關的麻煩。例如，考慮下面的例子，函數 square 計算它的雙精度類型參數的平方值：

```
double
square(double x)
{
    return x*x;
}
```

以及，一個呼叫 square 函數的程式：

```
main()
{
    printf("%g\n", square(0.3));
}
```

要使這個程式能夠執行，函數 square 必須要麼在 main 之前進行定義：

```
double
square(double x)
{
    return x*x;
}

main()
{
    printf("%g\n", square(0.3));
}
```

要麼在 main 之前進行宣告：

```
double square(double);

main()
{
```

```
    printf("%g\n", square(0.3));
}

double
square(double x)
{
    return x*x;
}
```

如果一個函數在被定義或宣告之前被呼叫，那麼它的返回類型就預設為整數型。上面的例子中，如果將 main 函數單獨抽取出來作為一個原始檔案：

```
main()
{
    printf("%g\n", square(0.3));
}
```

因為函數 main 假定函數 square 返回類型為整數型，而函數 square 返回類型實際上是雙精度類型，當它與 square 函數連接時就會得出錯誤的結果。

如果我們需要在兩個不同的檔案中分別定義函數 main 與函數 square，那麼應該如何處理呢？函數 square 只能有一個定義。如果 square 的呼叫與定義分別位於不同的檔案中，那麼我們必須在呼叫它的檔案中宣告 square 函數：

```
double square(double);

main()
{
    printf("%g\n", square(0.3));
}
```

C 語言中形式參數與實際參數匹配的規則稍微有一點複雜。ANSI C 允許程式設計師在宣告時指定函數的參數類型：

```
double square(double);
```

上面的語句說明函數 square 接受一個雙精度類型的參數，返回一個雙精度類型的結果。根據這個宣告，square(2) 是合法的；整數 2 將會被自動轉換為雙精度類型，就好像程式設計師寫成 square((double)2) 或者 square(2.0) 一樣。

如果一個函數沒有 float、short 或者 char 類型的參數，在函數宣告中完全可以省略參數類型的說明（注意，函數定義中不能省略參數類型的說明）。因此，即使是在 ANSI C 中，像下面這樣宣告 square 函數也是可以的：

```
double square();
```

這樣做依賴於呼叫者能夠提供數量正確，且類型恰當的實際參數。這裡，「恰當」並不就意謂著「等同」：float 類型的參數會自動轉換為 double 類型，short 或 char 類型的參數會自動轉換為 int 類型。例如，對於下面的函數：

```
int
isvowel(char c)
{
    return  c == 'a' || c == 'e' || c == 'i' ||
            c == 'o' || c == 'u';
}
```

因為其形式參數為 char 類型，所以在呼叫該函數的其他檔案中必須宣告：

```
int isvowel(char);
```

否則，呼叫者將把傳遞給 isvowel 函數的實際參數自動轉換為 int 類型，這樣就與形式參數類型不一致了。如果函數 isvowel 是這樣定義的：

```
int isvowel(int c) {
    return  c == 'a' || c == 'e' || c == 'i' ||
            c == 'o' || c == 'u';
}
```

那麼呼叫者就無需進行宣告，即使呼叫者在呼叫時傳遞給 isvowel 函數一個 char 類型的參數也是如此。

ANSI C 標準發佈之前出現的 C 編譯器，並不都支援這種風格的宣告。當我們使用這類編譯器時，有必要如以下方式來宣告 isvowel 函數：

```
int isvowel();
```

以及這樣定義它：

```
int isvowel(c)
    char c;
{
    return  c == 'a' || c == 'e' || c == 'i' ||
            c == 'o' || c == 'u';
}
```

為了與早期的用法相容，ANSI C 也支援這種較「老」形式的宣告和定義。這就帶來一個問題：如果一個檔案中呼叫了 isvowel 函數，卻又不能宣告它的參數類型（為了能夠在較「老」的編譯器上工作），那麼編譯器如何知道函數形式參數是 char 類型而不是 int 類型的呢？答案在於，新舊兩種不同的函數定義形式，代表不同的涵義。上面 isvowel 函數的最後一個定義，實際上相當於：

```
int
isvowel(int i)
{
    char c = i;
    return  c == 'a' || c == 'e' || c == 'i' ||
            c == 'o' || c == 'u';
}
```

現在我們已經瞭解了函數定義與宣告的有關細節，再來看看這方面容易出錯的一些方式。下面這個程式雖然簡單，卻不能執行：

```
main()
{
    double s;
    s = sqrt(2);
    printf("%g\n", s);
}
```

原因有兩個：第一個原因是，sqrt 函數本應接受一個雙精度值為實際參數，而實際上卻被傳遞了一個整數型參數；第二個原因是，sqrt 函數的返回類型是雙精度類型，但卻並沒有這樣宣告。

一種更正方式是：

```
double sqrt(double);

main()
{
    double s;
    s = sqrt(2);
    printf("%g\n", s);
}
```

若用另一種方式，則更正後的程式可以在 ANSI C 標準發佈之前就存在的 C 編譯器上工作，即：

```
double sqrt();

main()
{
    double s;
    s = sqrt(2.0);
    printf("%g\n", s);
}
```

當然，最好的更正方式是這樣：

```
#include <math.h>

main()
{
    double s;
    s = sqrt(2.0);
    printf("%g\n", s);
}
```

這個程式看上去並沒有顯式地說明 sqrt 函數的參數類型與返回類型，但實際上它從系統標頭檔 math.h 中獲得了這些資訊。儘管本例中為了與早期 C 編譯器相容，已經把實際參數寫成了雙精度類型的 2.0 而不是整數型的 2，然而即使仍然寫作整數型的 2，在符合 ANSI C 標準的編譯器上，這個程式也能確保實際參數會被轉換為恰當的類型。

因為函數 printf 與函數 scanf 在不同情形下可以接受不同類型的參數，所以它們特別容易出錯。這裡有一個值得注意的例子：

```
#include <stdio.h>
main()
{
    int i;
    char c;
    for (i = 0; i < 5; i++) {
        scanf("%d", &c);
        printf("%d  ", i);
    }
    printf("\n");
}
```

表面上，這個程式從標準輸入設備讀入 5 個數，在標準輸出設備上寫 5 個數：

```
0 1 2 3 4
```

實際上，這個程式並不一定會得到上面的結果。例如，在某個編譯器上，它的輸出是

```
0 0 0 0 0 1 2 3 4
```

為什麼呢？問題的關鍵在於，這裡 c 被宣告為 char 類型，而不是 int 類型。當程式要求 scanf 讀入一個整數，應該傳遞給它一個指向整數的指標。而程式中 scanf 函數得到的卻是一個指向字元的指標，scanf 函數並不能分辨這種情況，它只是將這個指向字元的指標作為指向整數的指標而接受，並且在指標指向的位置儲存一個整數。因為整數所佔的儲存空間要大於字元所佔的儲存空間，所以字元 c 附近的記憶體將會被覆蓋。

字元 c 附近的記憶體中儲存的內容是由編譯器決定的，本例中它存放的是整數 i 的低端部分。因此，每次讀入一個數值到 c 時，都會將 i 的低端部分覆蓋為 0，而 i 的高端部分本來就是 0，相當於 i 每次被重新設置為 0，迴圈將一直進行。當到達檔案的結束位置後，scanf 函數不再試圖讀入新的數值到 c。這時，i 才可以正常地遞增，最後終止迴圈。

4.5 檢查外部類型

假定我們有一個 C 語言程式，它由兩個原始檔案組成。一個檔案中包含外部變數 n 的宣告：

```
extern int n;
```

另一個檔案中包含外部變數 n 的定義：

```
long n;
```

這裡假定兩個語句都不在任何一個函數體內，因此 n 是外部變數。

這是一個無效的 C 語言程式，因為同一個外部變數名稱在兩個不同的檔案中被宣告為不同的類型。然而，大多數 C 語言實作卻不能檢測出這種錯誤。編譯器對這兩個不同的檔案分別進行處理，這兩個檔案的編譯時間甚至可以相差好幾個月。因此，編譯器在編譯一個檔案時，並不知道另一個檔案的內容。連結器可能對 C 語言一無所知，因此它也不知道如何比較兩個 n 的定義中的類型。

當這個程式執行時，究竟會發生什麼情況呢？存在很多的可能情況：

1. C 語言編譯器足夠「聰明」，能夠檢測到這個類型衝突。程式設計者將會得到一條診斷訊息，報告變數 n 在兩個不同的檔案中被給定了不同的類型。

2. 讀者使用的 C 語言實作對 int 類型的數值，與 long 類型的數值在內部表示上是一樣的。尤其是在 32 位元電腦上，一般都是如此處理。在這種情況下，程式很可能正常工作，就好像 n 在兩個檔案中都被宣告為 long（或 int）類型一樣。本來錯誤的程式因為某種巧合卻能夠工作，這是一個很好的例子。

3. 變數 n 的兩個實例雖然要求的儲存空間的大小不同，但是它們共享儲存空間的方式卻恰好能夠滿足這樣的條件：賦給其中一個的值，對另一個也是有效的。這是有可能發生的。舉例來說，如果連結器安排 int 類型的 n 與 long 類型的 n 的低端部分共享儲存空間，這樣給每個 long 類型的 n 賦值，恰好相當於把其低端部分賦給了 int 類型的 n。本來錯誤的程式因為某種巧合卻能夠工作，這是一個比第 2 種情況更能說明問題的例子。

4. 變數 n 的兩個實例共享儲存空間的方式，使得對其中一個賦值時，其效果相當於同時給另一個賦了完全不同的值。在這種情況下，程式將不能正常工作。

因此，確保一個特定名稱的所有外部定義在每個目標模組中都有相同的類型，一般來說是程式設計師的責任。而且，「相同的類型」應該是嚴格意義上的相同。例如，考慮下面的程式，在一個檔案中包含定義：

```
char filename[] = "/etc/passwd";
```

而在另一個檔案中包含宣告：

```
extern char* filename;
```

儘管在某些上下文環境中，陣列與指標非常類似，但它們畢竟不同。在第一個宣告中，filename 是一個字元陣列的名稱。儘管在一個語句中參照 filename 的值將得到指向該陣列起始元素的指標，但是 filename 的類型是「字元陣列」，而不是「字元指標」。在第二個宣告中，filename 被確定為一個指標。這兩個對 filename 的宣告使用儲存空間的方式是不同的；它們無法以一種合乎情理的方式共存。第一個例子中字元陣列 filename 的記憶體佈局大致如圖 4.1 所示。

filename

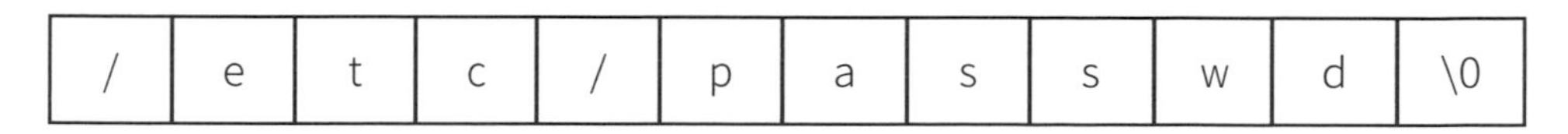

圖 4.1 字元陣列 filename 的記憶體佈局示意圖

第二個例子中字元指標 filename 的記憶體佈局大致如圖 4.2 所示。

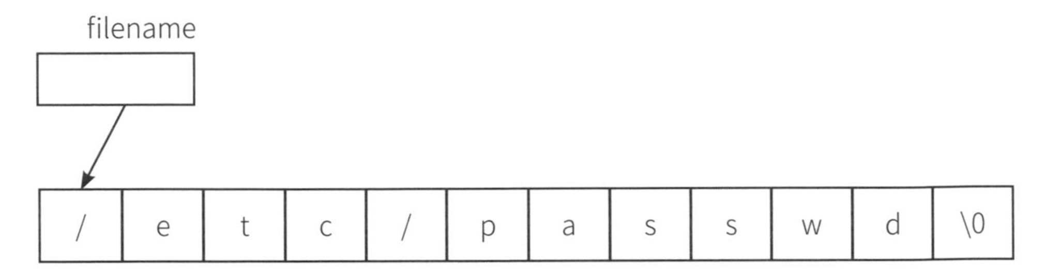

圖 4.2 字元指標 filename 的記憶體佈局示意圖

要更正本例，應該改變 filename 的宣告或定義中的一個，使其與另一個類型匹配。因此，既可以是以下改法：

```
char filename[] = "/etc/passwd";   /* 檔案 1 */
extern char filename[];            /* 檔案 2 */
```

也可以是這種改法：

```
char* filename = "/etc/passwd";  /* 檔案 1 */
extern char* filename;           /* 檔案 2 */
```

有關外部類型方面，另一種容易帶來麻煩的方式是忽略了宣告函數的返回類型，或者宣告了錯誤的返回類型。例如，回顧一下我們在 4.4 節中討論的程式：

```
main()
{
    double s;
    s = sqrt(2);
    printf("%g\n", s);
}
```

這個程式沒有包括對函數 sqrt 的宣告，因此函數 sqrt 的返回類型只能從上下文進行推斷。C 語言中的規則是，如果一個未宣告的識別子後跟一個小括號，那麼它將被視為一個返回整數型的函數。因此，這個程式完全等同於下面的程式：

```
extern int sqrt();

main()
{
    double s;
    s = sqrt(2);
    printf("%g\n", s);
}
```

當然，這種寫法是錯誤的。函數 sqrt 返回雙精度類型，而不是整數型。因此，這個程式的結果是不可預測的。事實上，該程式似乎能夠在某些機器上工作。舉例來說，假定有這樣一種機器，無論函數的返回值是整數值還是浮點值，它都使用同樣的暫存器。這樣的電腦，將直接把函數 sqrt 的返回結果按其二進制表示的各個位元傳遞給函數 printf，而並不去檢查類型是否一致。函數 printf 得到了正確的二進制表示，當然能夠列印出正確的結果。某些機器在不同的暫存器中儲存整數與指標。在這樣的機器上，即使不牽涉到浮點運算，這種類型的錯誤也仍然可能造成程式失敗。

4.6 ｜標頭檔

有一個好方法可以避免大部分此類問題，這個方法只需要我們接受一個簡單的規則：每個外部物件只在一個地方宣告。這個宣告的地方一般就在一個標頭檔中，需要用到該外部物件的所有模組都應該包括這個標頭檔。特別需要指出的是，定義該外部物件的模組也應該包括這個標頭檔。

例如，再來看前面討論過的 filename 例子。這個例子可能是一個完整程式的一部分，該程式由多個模組組成，每個模組都需要知道一個特定檔案名稱。我們希望能夠做到只在一處變動這個特定的檔案名稱，所有模組中的檔案名稱就同時得到更新。我們可以這樣來做，建立一個檔案，例如叫做 file.h，它包含了宣告：

```
extern char filename[];
```

需要用到外部物件 filename 的每個 C 原始檔案都應該加上這樣一個語句：

```
#include "file.h"
```

最後，我們選擇一個 C 原始檔案，在其中提供 filename 的初始值。我們不妨稱這個檔案為 file.c：

```
#include "file.h"
char filename[] = "/etc/passwd";
```

注意，原始檔案 file.c 實際上包含 filename 的兩個宣告，這點只要把 include 語句展開就可以看出：

```
extern char filename[];
char filename[] = "/etc/passwd";
```

只要原始檔案 file.c 中 filename 的各個宣告是一致的，而且這些宣告中最多只有一個是 filename 的定義，這樣寫就是合法的。

讓我們來看這樣做的效果。標頭檔 file.h 中宣告了 filename 的類型，因此每個包含了 file.h 的模組也就自動地正確宣告了 filename 的類型。原始檔案 file.c 定義了 filename，由於它也包含了 file.h 標頭檔，因此 filename 定義的類型自動地與宣告的類型相符合。如果編譯所有這些檔案，filename 的類型就肯定是正確的！

練習 4-1

假定一個程式在一個原始檔案中包含了宣告：

```
long foo;
```

而在另一個原始檔案中包含了：

```
extern short foo;
```

又進一步假定，如果給 long 類型的 foo 賦一個較小的值，例如 37，那麼 short 類型的 foo 就同時獲得了一個值 37。我們能夠對執行該程式的硬體作出什麼樣的推斷？如果 short 類型的 foo 得到的值不是 37 而是 0，我們又能夠作出什麼樣的推斷？

練習 4-2

本章第 4 節中討論的錯誤程式，經過適當簡化後如以下所示：

```
#include <stdio.h>

main()
{
    printf("%g\n", sqrt(2));
}
```

在某些系統中，列印出的結果是

```
%g
```

請問這是為什麼？

Chapter

05

庫函數

C 語言中沒有定義輸入 / 輸出語句，任何一個有用的 C 語言程式（起碼必須接受零個或多個輸入，產生一個或多個輸出）都必須呼叫庫函數來完成最基本的輸入 / 輸出操作。ANSI C 標準毫無疑問地意識到了這點，因此定義了一個包含大量標準庫函數的集合。從理論上說，任何一個 C 語言實作都應該提供這些標準庫函數。ANSI C 中定義的標準庫函數集合並不完備。例如，基本上所有的 C 語言實作都包括了執行「底層」I/O 操作的 read 和 write 函數，但是這些函數卻並沒有出現在 ANSI C 標準中。而且，並非所有的 C 語言實作都包括了全部的標準庫函數。畢竟，ANSI C 標準還是一個新生事物。

> 譯注　根據序言中的說明，作者寫作本書時 ANSI C 標準尚沒有最後定案。

大多數庫函數的使用都不會有什麼麻煩，它們的意義和用法明白而直接，程式設計師大部分時間似乎都能夠正確地使用它們。然而，也有一些例外情形，如某些經常用到的庫函數表現出來的行為方式，往往有悖於使用者的本意。尤其是，程式設計師似乎常常對 printf 函數族，以及用於編寫具有可變參數列表的函數的 varargs.h 的諸多細節感到棘手。本書附錄中詳細說明了這兩個工具，以及 stdarg.h（ANSI C 版本的 varargs.h）工具。

有關庫函數的使用，我們能提供的最好建議是儘量使用系統標頭檔。如果函數庫檔案的編寫者，已經提供了精確描述庫函數的標頭檔，不去使用它們就真是愚不可及。在 ANSI C 中這點尤其重要，因為標頭檔中包括了庫函數的參數類型以及返回類型的宣告。事實上，某些情況下為了確保得到正確的結果，ANSI C 標準甚至強制要求使用系統標頭檔。

本章剩下部分將探討某些常見的庫函數，以及程式設計者在使用它們的過程中可能出錯之處。

5.1 ｜返回整數的 getchar 函數

我們首先考慮下面的例子：

```
#include <stdio.h>

main()
{
    char c;

    while ((c = getchar()) != EOF)
        putchar (c);
}
```

getchar 函數在一般情況下返回的是標準輸入檔案中的下一個字元，當沒有輸入時返回 EOF（一個在標頭檔 stdio.h 中被定義的值，不同於任何一個字元）。這個程式乍一看似乎是把標準輸入複製到標準輸出，但實則不然。

原因在於程式中的變數 c 被宣告為 char 類型，而不是 int 類型。這意謂著 c 無法容下所有可能的字元，特別是，可能無法容下 EOF。

因此，最終結果存在兩種可能。一種可能是，某些合法的輸入字元在被「截斷」後使得 c 的取值與 EOF 相同；另一種可能是，c 根本不可能取到 EOF 這個值。對於前一種情況，程式將在檔案複製的中途終止；對於後一種情況，程式將陷入一個無限迴圈。

實際上，還有可能存在第三種情況：程式表面上似乎能夠正常工作，但完全是因為巧合。儘管函數 getchar 的返回結果在賦給 char 類型的變數 c 時會發生「截斷」操作，儘管 while 語句中比較運算的運算元不是函數 getchar 的返回值，而是被「截斷」的值 c，然而令人驚訝地是許多編譯器對上述表達式的實作並不正確。這些編譯器確實對函數 getchar 的返回值作了「截斷」處理，並把低端位元組部分賦給了變數 c。但是，它們在比較表達式中並不是比較 c 與 EOF，而是比較 getchar 函數的返回值與 EOF！編譯器如果採取的是這種做法，上面的例子程式看上去就能夠「正常」執行了。

5.2 ｜更新順序檔案

許多系統中的標準輸入 / 輸出函數庫都允許程式打開一個檔案，同時進行寫入和讀出的操作：

```
FILE *fp;
fp = fopen(file, "r+");
```

上面的例子程式碼打開了檔案名稱由變數 file 所指定的檔案，對於存取權限的設置，表明程式希望對這個檔案進行輸入和輸出操作。

程式設計者也許認為，程式一旦執行上述操作完畢，就可以自由地交錯進行讀出和寫入的操作。遺憾的是，事實總難遂人所願，為了保持與過去不能同時進行讀寫操作的程式的向下相容性，一個輸入操作不能隨後直接緊跟一個輸出操作，反之亦然。如果要同時進行輸入和輸出操作，必須在其中插入 fseek 函數的呼叫。

下面的程式片段似乎更新了一個順序檔案中選定的記錄：

```
FILE *fp;
struct record rec;
. . .
while (fread( (char *)&rec, sizeof(rec), 1, fp) == 1) {
    /* 對 rec 執行某些操作 */
    if (/* rec 必須被重新寫入 */) {
        fseek(fp, -(long)sizeof(rec), 1);
```

```
        fwrite( (char *)&rec, sizeof(rec), 1, fp);
    }
}
```

這段程式碼乍看上去毫無問題：&rec 在傳入 fread 和 fwrite 函數時被小心翼翼地轉換為字元指標類型，sizeof(rec) 被轉換為長整數型（fseek 函數要求第二個參數是 long 類型，因為 int 類型的整數可能無法包含一個檔案的大小；sizeof 返回一個 unsigned 值，因此首先必須將其轉換為有符號類型才有可能將其反號）。但是這段程式碼仍然可能執行失敗，而且出錯的方式非常難於察覺。

問題出在：如果一個記錄需要被重新寫入檔案，也就是說，fwrite 函數得到執行，對這個檔案執行的下一個操作，將是迴圈開始的 fread 函數。因為在 fwrite 函數呼叫與 fread 函數呼叫之間缺少了一個 fseek 函數呼叫，所以無法進行上述操作。解決的辦法是把這段程式碼改寫為：

```
while (fread( (char *)&rec, sizeof(rec), 1, fp) == 1) {
    /* 對 rec 執行某些操作 */
    if (/* rec 必須被重新寫入 */) {
        fseek(fp, -(long)sizeof(rec), 1);
        fwrite( (char *)&rec, sizeof(rec), 1, fp);
        fseek(fp, 0L, 1);
    }
}
```

第二個 fseek 函數雖然看上去什麼也沒做，但它改變了檔案的狀態，使得檔案現在可以正常地進行讀取了。

5.3 ｜緩衝輸出與記憶體分配

當一個程式產生輸出時，是否有必要將輸出立即給用戶預覽？這個問題的答案根據不同的程式而定。

例如，假設一個程式輸出到終端，向終端前的用戶提問，要求用戶回答，那麼為了讓用戶知道應該鍵入什麼內容，程式輸出應該即時顯示給用戶。另一種情況是，假設一個程式輸出到一個檔案，然後輸出到一個列式印表機，那麼只要程式結果最後都全部輸出到目標（檔案或印表機）就可以了。

程式輸出有兩種方式：一種是即時處理方式，另一種是先暫存起來，然後再大塊寫入的方式，前者往往造成較高的系統負擔。因此，C 語言實作通常都允許程式設計師在實際進行的寫入操作之前，控制產生的輸出資料量。

這種控制能力一般是透過庫函數 setbuf 實作的。如果 buf 是一個大小適當的字元陣列，那麼

```
setbuf(stdout, buf);
```

語句將通知輸入 / 輸出函數庫，所有寫入到 stdout 的輸出都應該使用 buf 作為輸出緩衝區，直到 buf 緩衝區被填滿或者程式設計師直接呼叫 fflush（譯注：對於由寫入操作而打開的檔案，呼叫 fflush 將導致輸出緩衝區的內容被實際寫入該檔案），buf 緩衝區中的內容才實際寫入到 stdout 中。緩衝區的大小由系統標頭檔 <stdio.h> 中的 BUFSIZ 定義。

下面程式的作用是把標準輸入的內容複製到標準輸出中，展示了 setbuf 庫函數最顯而易見的用法：

```
#include <stdio.h>

main()
{
    int c;

    char buf[BUFSIZ];
    setbuf(stdout, buf);

    while ((c = getchar()) != EOF)
        putchar(c);
}
```

遺憾的是，這個程式是錯誤的，僅僅是因為一個細微的原因。程式中對庫函數 setbuf 的呼叫，通知了輸入 / 輸出函數庫所有字元的標準輸出，應該首先快取在

buf 中。要找到問題出自何處，我們不妨思考一下 buf 緩衝區最後一次被清空是在什麼時候？答案是在 main 函數結束之後，程式交還控制給作業系統之前，C 執行時函數庫所必須進行的清理工作的一部分。但是，在此之前 buf 字元陣列已經被釋放！

要避免這種類型的錯誤有兩種辦法。第一種辦法是讓緩衝陣列成為靜態陣列，既可以直接顯式宣告 buf 為靜態：

```
static char buf[BUFSIZ];
```

也可以把 buf 宣告完全移到 main 函數之外。第二種辦法是動態分配緩衝區，在程式中並不主動釋放分配的緩衝區（譯注：由於緩衝區是動態分配的，所以 main 函數結束時並不會釋放該緩衝區，這樣 C 在執行時，函數庫進行清理工作就不會發生緩衝區已釋放的情況）：

```
char *malloc();
setbuf(stdout, malloc(BUFSIZ));
```

如果讀者關心一些程式設計的「小技巧」，也許會注意到這裡其實並不需要檢查 malloc 函數呼叫是否成功。如果 malloc 函數呼叫失敗，將返回一個 null 指標。setbuf 函數的第二個參數取值可以為 null，此時標準輸出不需要進行緩衝。這種情況下，程式仍然能夠工作，只不過速度較慢而已。

5.4 | 使用 errno 檢測錯誤

很多庫函數，特別是那些與作業系統有關的，當執行失敗時會透過一個名稱為 errno 的外部變數，通知程式該函數呼叫失敗。下面的程式碼利用這個特性進行錯誤處理，似乎再清楚明白不過，然而卻是錯誤的：

```
/* 呼叫庫函數 */
if (errno)
            /* 處理錯誤 */
```

出錯原因在於，在庫函數呼叫沒有失敗的情況下，並沒有強制要求庫函數一定要設置 errno 為 0，這樣 errno 的值就可能是前一個執行失敗的庫函數設置的值。下面的程式碼作了更正，似乎能夠工作，很可惜還是錯誤的：

```
errno = 0;
/* 呼叫庫函數 */
if (errno)
            /* 處理錯誤 */
```

庫函數在呼叫成功時，既沒有強制要求對 errno 歸零，但同時也沒有禁止設置 errno。既然庫函數已經呼叫成功，為什麼還有可能設置 errno 呢？要理解這點，我們不妨假想一下庫函數 fopen 在呼叫時可能會發生什麼情況。當 fopen 函數被要求新建一個檔案以供程式輸出時，如果已經存在一個同名檔案，fopen 函數將先刪除它，然後新建一個檔案。這樣，fopen 函數可能需要呼叫其他的庫函數，以檢測同名檔案是否已經存在。（譯注：假設用於檢測檔案的庫函數在檔案不存在時，會設置 errno。那麼，fopen 函數每次新建一個事先並不存在的檔案時，即使沒有任何程式錯誤發生，errno 也仍然可能被設置。）

因此，在呼叫庫函數時，我們應該首先檢測作為錯誤指示的返回值，確定程式執行已經失敗。然後，再檢查 errno，來搞清楚出錯原因：

```
/* 呼叫庫函數 */
if ( 返回的錯誤值 )
        檢查 errno
```

5.5 ｜庫函數 signal

實際上所有的 C 語言實作中都包含 signal 庫函數，作為捕獲非同步事件的一種方式。要使用該庫函數，需要在原始檔案中加上

```
#include <signal.h>
```

以引入相關的宣告。要處理一個特定的 signal（訊號），可以這樣呼叫 signal 函數：

```
signal(signal type, handler function);
```

這裡的 signal type 代表系統標頭檔 signal.h 中定義的某些常數，這些常數用來標識 signal 函數將要捕獲的訊號類型。這裡的 handler function 是當指定的事件發生時，將要加以呼叫的事件處理函數。

在許多 C 語言實作中，訊號是真正意義上的「非同步」。從理論上說，一個訊號可能在 C 語言程式執行時期間的任何時刻上發生。需要特別強調的是，訊號甚至可能出現在某些複雜庫函數（如 malloc）的執行過程中。因此，從安全的角度考量，訊號的處理函數不應該呼叫上述類型的庫函數。

例如，假設 malloc 函數的執行過程被一個訊號中斷。此時，malloc 函數用來追蹤可用記憶體的資料結構很可能只有部分被更新。如果 signal 處理函數再呼叫 malloc 函數，結果可能是 malloc 函數用到的資料結構完全崩潰，後果將不堪想像！

根據同樣的原因，從 signal 處理函數中使用 longjmp 退出，通常情況下也是不安全的：因為訊號可能發生在 malloc 或者其他庫函數開始更新某個資料結構，卻又沒有最後完成的過程中。因此，signal 處理函數能夠做的安全的事情，似乎就只有設置一個旗標然後返回，期待以後主程式能夠檢查到這個旗標，發現一個訊號已經發生。

然而，就算這樣做也並不總是安全的。當一個算術運算錯誤（例如溢出或者零作除數）引發一個訊號時，某些機器在 signal 處理函數返回後還將重新執行失敗的操作。而當這個算術運算重新執行時，我們並沒有一個可移植的辦法來改變運算元。這種情況下，最可能的結果就是馬上又引發一個同樣的訊號。因此，對於算術運算錯誤，signal 處理函數的唯一安全、可移植的操作就是列印一條出錯訊息，然後使用 longjmp 或 exit 立即退出程式。

由此，我們得到的結論是：訊號非常複雜棘手，而且具有一些從本質上而言不可移植的特性。解決這個問題我們最好採取「守勢」，讓 signal 處理函數盡可能地簡單，並將它們組織在一起。如此一來，當需要適應一個新系統時，我們可以很容易地進行修改。

練習 5-1

當一個程式異常終止時，程式輸出的最後幾行常常會丟失，原因是什麼？我們能夠採取怎樣的措施來解決這個問題？

練習 5-2

下面程式的作用是把它的輸入複製到輸出：

```
#include <stdio.h>
main()
{
    register int c;

    while ((c = getchar()) != EOF)
        putchar(c);
}
```

從這個程式中去掉 #include 語句，將導致程式不能通過編譯，因為這時 EOF 是未定義的。假定我們手動定義了 EOF（當然，這是一種不好的做法）：

```
#define EOF -1
main()
{
    register int c;

    while ((c = getchar()) != EOF)
        putchar(c);
}
```

這個程式在許多系統中仍然能夠執行，但是在某些系統執行起來卻慢得多。這是為什麼？

Chapter

06

預處理器

在嚴格意義上的編譯過程開始之前，C 語言預處理器首先對程式碼作了必要的轉換處理。因此，我們執行的程式實際上並不是我們所寫的程式。預處理器使得程式設計師可以簡化某些工作，它的重要性可以由兩個主要的原因說明（當然還有一些次要原因，此處就不贅述了）。

第一個原因是，我們也許會遇到這樣的情況，需要將某個特定數量（例如，某個資料表的大小）在程式中出現的所有實例統統加以修改。我們希望能夠透過在程式中只變動一處數值，然後重新編譯就可以實作。預處理器要做到這點可以說是輕而易舉，即使這個數值在程式中的很多地方出現。我們只需要將這個數值定義為一個顯式常數（manifest constant），然後在程式中需要的地方使用這個常數即可。而且，預處理器還能夠很容易地把所有常數定義都集中在一起，這樣要找到這些常數也非常容易。

第二個原因是，大多數 C 語言實作在函數呼叫時都會帶來重大的系統開銷。因此，我們也許希望有這樣一種程式區塊，它看上去像一個函數，但卻沒有函數呼叫的開銷。舉例來說，getchar 和 putchar 經常被實作為巨集，以避免在每次執行輸入或者輸出一個字元這樣簡單的操作時，都要呼叫相應的函數而造成系統效率的下降。

雖然巨集非常有用，但如果程式設計師沒有體認到巨集，只是對程式的文字發揮作用，那麼他們很容易對巨集的作用感到迷惑。也就是說，巨集提供了一種對組成 C 語言程式的字元進行變換的方式，而並不作用於程式中的物件。因此，巨集既可以使一段看上去完全不合語法的程式碼，成為一個有效的 C 語言程式，也能使一段看上去無害的程式碼成為一個可怕的怪物。

6.1 不能忽視巨集定義中的空格

一個函數如果不帶參數，在呼叫時只需在函數名稱後加上一對括號，即可加以呼叫。而一個巨集如果不帶參數，則只需要使用巨集名稱即可，括號無關緊要。只要巨集已經定義過了，就不會帶來什麼問題：預處理器從巨集定義中就可以知道巨集呼叫時是否需要參數。

與巨集呼叫相比，巨集定義顯得有些「暗藏機關」。例如，下面的巨集定義中，f 是否帶了一個參數呢？

```
#define f (x) ((x)-1)
```

答案只可能有兩種： f(x) 要不是代表

```
((x)-1)
```

就是代表

```
(x)((x)-1)
```

在上述巨集定義中，第二個答案是正確的，因為在 f 和後面的 (x) 之間多了一個空格！所以，如果希望定義 f(x) 為 ((x)-1)，必須像下面這樣編寫：

```
#define f(x) ((x)-1)
```

這個規則不適用於巨集呼叫，而只對巨集定義適用。因此，在上面完成巨集定義後，f(3) 與 f (3) 求值後都等於 2。

6.2 ｜巨集並不是函數

因為巨集從表面上看，其行為與函數非常相似，程式設計師有時會禁不住把兩者視為完全相同。因此，我們常常可以看到類似下面的寫法：

```
#define abs(x) (((x)>=0)?(x):-(x))
```

或者，

```
#define max(a,b) ((a)>(b)?(a):(b))
```

請注意巨集定義中出現的所有這些括號，它們的作用是預防引起與優先級有關的問題。例如，假設巨集 abs 被定義成這個樣子：

```
#define abs(x) x>0?x:-x
```

讓我們來看 abs(a-b) 求值後會得到怎樣的結果。表達式

```
abs(a-b)
```

會被展開為

```
a-b>0?a-b:-a-b
```

這裡的子表達式 -a-b 相當於 (-a)-b，而不是我們期望的 -(a-b)，因此上式無疑會得到一個錯誤的結果。因此，我們最好在巨集定義中把每個參數都用括號括起來。同樣的，整個結果表達式也應該用括號括起來，以防止當巨集用於一個更大一些的表達式中可能出現的問題。否則的話，

```
abs(a)+1
```

展開後的結果為：

```
a>0?a:-a+1
```

這個表達式很顯然是錯誤的，我們期望得到的是 -a，而不是 -a+1 ！ abs 的正確定義應該是這樣的：

```
#define abs(x) (((x)>=0)?(x):-(x))
```

這時，

```
abs(a-b)
```

才會被正確地展開為：

```
((a-b)>0?(a-b):-(a-b))
```

而

```
abs(a)+1
```

也會被正確地展開為：

```
((a)>0?(a):-(a))+1
```

即使巨集定義中的各個參數與整個結果表達式都被括號括起來，也仍然還可能有其他問題存在，例如說，一個運算元如果在兩處被用到，就會被求值兩次。例如，在表達式 max(a,b) 中，如果 a 大於 b，那麼 a 將被求值兩次：第一次是在 a 與 b 比較期間，第二次是在計算 max 應該得到的結果值時。

這種做法不但效率低下，而且可能是錯誤的：

```
biggest = x[0];
i = 1;
while (i < n)
    biggest = max (biggest, x[i++]);
```

如果 max 是一個真正的函數，上面的程式碼可以正常工作；而如果 max 是一個巨集，那麼就不能正常工作。要看清楚這點，我們首先初始化陣列 x 中的一些元素：

```
x[0] = 2;
x[1] = 3;
x[2] = 1;
```

然後再觀察迴圈第一次迭代時會發生什麼。上面程式碼中的賦值語句將被擴展為：

```
biggest = ((biggest)>(x[i++])?(biggest):(x[i++]));
```

首先，變數 biggest 將與 x[i++] 比較。因為 i 此時的值是 1，x[1] 的值是 3，而變數 biggest 此時的值是 x[0] 即 2，所以關係運算的結果為 false（假）。這裡，因為 i++ 的副作用，在比較後 i 遞增為 2。

因為關係運算的結果為 false（假），所以 x[i++] 的值將被賦給變數 biggest。然而，經過 i++ 的遞增運算後，i 此時的值是 2。所以，實際上賦給變數 biggest 的值是 x[2]，即 1。這時，又因為 i++ 的副作用，i 的值成為 3。

解決這類問題的一個辦法是，確保巨集 max 中的參數沒有副作用：

```
biggest = x[0];
for (i = 1; i < n; i++)
    biggest = max (biggest, x[i]);
```

另一個辦法是讓 max 作為函數而不是巨集，或者直接編寫比較兩數取較大者的程式碼：

```
biggest = x[0];
for (i = 1; i < n; i++)
    if (x[i] > biggest)
        biggest = x[i];
```

下面是另外一個例子，其中因為混合了巨集和遞增運算的副作用，使程式碼顯得岌岌可危。這個例子是巨集 putc 的一個典型定義：

```
#define putc(x,p) \
        (--(p)->_cnt>=0?(*(p)->_ptr++=(x)):_flsbuf(x,p))
```

巨集 putc 的第一個參數是將要寫入檔案的字元，第二個參數是一個指標，指向一個用於描述檔案的內部資料結構。請注意這裡的第一個參數 x，它極有可能是類似於 *z++ 這樣的表達式。儘管 x 在巨集 putc 的定義中兩個不同的地方出現了兩次，但是因為這兩次出現的地方是在運算子 : 的兩側，所以 x 只會被求值一次。

第二個參數 p 則恰恰相反，它代表將要寫入字元的檔案，總是會被求值兩次。因為檔案參數 p 一般不需要作遞增遞減之類有副作用的操作，所以這很少引起麻煩。不過，ANSI C 標準中還是提供了警告：putc 的第二個參數可能會被求值兩次。某些 C 語言實作對巨集 putc 的定義，也許不會像上面的定義那樣小心翼翼，putc 的第一個參數很可能被不止一次求值，這樣實作是可能的。程式設計者在給 putc 一個可能有副作用的參數時，應該考慮一下正在使用的 C 語言實作是否足夠周密。

再舉一個例子，考慮許多 C 函數庫檔案中都有的 toupper 函數，該函數的作用是將所有的小寫字母轉換為相應的大寫字母，而其他的字元則保持原狀。如果我們假定所有的小寫字母和所有的大寫字母，在機器字元集中都是連續排列的（在大小寫字母之間可能有一個固定的間隔），那麼我們可以這樣實作 toupper 函數：

```
toupper(int c)
{
    if (c >= 'a' && c <= 'z')
        c += 'A' ?'a';
    return c;
}
```

在大多數 C 語言實作中，toupper 函數在呼叫時造成的系統開銷，要大幅多於函數體內的實際計算操作。因此，實作者很可能禁不住要把 toupper 實作為巨集：

```
#define toupper(c)\
        ((c)>='a' && (c)<='z'? (c)+('A'?a'): (c))
```

在許多情況下，這樣做確實比把 toupper 實作為函數要快得多。然而，如果程式設計者試圖這樣使用：

```
toupper(*p++)
```

則最後的結果會讓所有人都大吃一驚！

使用巨集的另一個危險是，巨集展開可能產生非常龐大的表達式，佔用的空間遠遠超過了程式設計者所期望的空間。例如，讓我們再看巨集 max 的定義：

```
#define max(a,b) ((a)>(b)?(a):(b))
```

假定我們需要使用上面定義的巨集 max，來找到 a、b、c、d 四個數的最大者，最顯而易見的寫法是：

```
max(a,max(b,max(c,d)))
```

上面的式子展開後就是：

```
((a)>(((b)>(((c)>(d)?(c):(d)))?(b):(((c)>(d)?(c):(d)))))?
(a):(((b)>(((c)>(d)?(c):(d)))?(b):(((c)>(d)?(c):(d))))))
```

確實，這個式子太長了！如果我們調整一下，使上式中運算元左右平衡：

```
max(max(a,b),max(c,d))
```

現在這個式子展開後還是較長：

```
((((a)>(b)?(a):(b)))>(((c)>(d)?(c):(d)))?
 (((a)>(b)?(a):(b))):(((c)>(d)?(c):(d))))
```

其實，寫成以下程式碼似乎更容易一些：

```
biggest = a;
if (biggest < b) biggest = b;
if (biggest < c) biggest = c;
if (biggest < d) biggest = d;
```

6.3 巨集並不是語句

程式設計者有時會試圖定義巨集的行為與語句類似，但這樣做的實際困難往往令人吃驚！舉例來說，考慮一下 assert 巨集，它的參數是一個表達式，如果該表達式為 0，就使程式終止執行，並提供一條適當的出錯訊息。把 assert 作為巨集來處理，這樣就使得我們可以在出錯資訊中，包括檔案名稱和斷言失敗處的行號。也就是說，

```
assert(x>y);
```

在 x 大於 y 時什麼也不做，其他情況下則會終止程式。

下面是我們定義 assert 巨集的第一次嘗試：

```
#define assert(e) if (!e) assert_error(__FILE__,__LINE__)
```

因為考慮到巨集 assert 的使用者會加上一個分號，所以在巨集定義中並沒有包括分號。__FILE__ 和 __LINE__ 是內建於 C 語言預處理器中的巨集，它們會被擴展為所在檔案的檔案名稱，和所處程式碼行的行號。

巨集 assert 的這個定義，即使用在一個再明白直接不過的情形中，也會有一些難以察覺的錯誤：

```
if (x > 0 && y > 0)
    assert(x > y);
else
    assert(y > x);
```

上面的寫法似乎很合理，但是它展開之後就是這個樣子：

```
if (x > 0 && y > 0)
    if(!(x > y)) assert_error("foo.c", 37);
else
    if(!(y > x)) assert_error("foo.c", 39);
```

把上面的程式碼作適當的縮排處理，我們就能夠看清它實際的流程結構與我們期望的結構有怎樣的區別：

```
if (x > 0 && y > 0)
    if(!(x > y))
        assert_error("foo.c", 37);
    else
        if(!(y > x))
            assert_error("foo.c", 39)
```

讀者也許會想到，在巨集 assert 的定義中用大括號把巨集體整個給「括」起來，就能避免這樣的問題產生：

```
#define assert(e)\
        { if (!e) assert_error(__FILE__,__LINE__); }
```

然而，這樣做又帶來了一個新的問題。我們上面提到的例子展開後就成了：

```
if (x > 0 && y > 0)
    { if(!(x > y)) assert_error("foo.c", 37);};
else
    { if(!(y > x)) assert_error("foo.c", 39);};
```

在 else 之前的分號是一個語法錯誤。要解決這個問題，一個辦法是對 assert 的呼叫後面都不再跟一個分號，但這樣的用法顯得有些「怪異」：

```
y = distance(p, q);
assert(y > 0)
x = sqrt(y);
```

巨集 assert 的正確定義很不直觀，程式設計者很難想到這個定義不是類似於一個語句，而是類似一個表達式

```
#define assert(e) \
        ((void)((e)||_assert_error(__FILE__,__LINE__)))
```

這個定義實際上利用了 || 運算子對兩側的運算元依次順序求值的性質。如果 e 為 true（真），表達式：

```
(void)((e)||_assert_error(__FILE__,__LINE__))
```

的值在沒有求出其右側表達式

```
_assert_error(__FILE__,__LINE__))
```

的值的情況下就可以確定最終的結果為真。如果 e 為 false（假），右側表達式

```
_assert_error(__FILE__,__LINE__))
```

的值必須求出，此時 _assert_error 將被呼叫，並列印出一條恰當的「斷言失敗」的出錯訊息。

6.4 ｜巨集並不是類型定義

巨集的一個常見用途是，使多個不同變數的類型可在一個地方說明：

```
#define FOOTYPE struct foo
FOOTYPE a;
FOOTYPE b,c;
```

這樣，程式設計者只需在程式中變動一行程式碼，即可改變 a、b、c 的類型，而與 a、b、c 在程式中的什麼地方宣告無關。

巨集定義的這種用法有一個優點——可移植性，得到了所有 C 編譯器的支援。但是，我們最好還是使用類型定義：

```
typedef struct foo FOOTYPE;
```

這個語句定義了 FOOTYPE 為一個新的類型，與 struct foo 完全等效。

這兩種命名類型的方式似乎都差不多，但是使用 typedef 的方式要更加通用一些。例如，考慮下面的程式碼：

```
#define T1 struct foo *
typedef struct foo *T2;
```

從上面兩個定義來看，T1 和 T2 從概念上完全相符，都是指向結構 foo 的指標。但是，當我們試圖用它們來宣告多個變數時，問題就來了：

```
T1 a, b;
T2 a, b;
```

第一個宣告被擴展為：

```
struct foo * a, b;
```

這個語句中 a 被定義為一個指向結構的指標，而 b 卻被定義為一個結構（而不是指標）。第二個宣告則不同，它定義了 a 和 b 都是指向結構的指標，因為這裡 T2 的行為完全與一個真實的類型相同。

練習 6-1

請使用巨集來實作 max 的一個版本，其中 max 的參數都是整數，要求在巨集 max 的定義中這些整數型參數只被求值一次。

練習 6-2

本章第 1 節中提到的「表達式」

```
(x) ((x)-1)
```

能否成為一個合法的 C 表達式？

Chapter 07

可移植性缺陷

C 語言在許多不同的系統平台上都有實作。的確，使用 C 語言編寫程式的一個首要原因就是，C 語言程式能夠方便地在不同的編寫環境中移植。

然而，由於 C 語言實作是如此之多，各個實作之間有著或多或少的細微差別，以至於沒有兩個實作是完全相同的。即使是寫得最早的兩個 C 語言編譯器，它們之間也有著很大區別。此外，不同的系統有不同的需求，因此我們應該能夠料到，機器不同則其上的 C 語言實作也有細微差別。ANSI C 標準的發佈能夠在一定程度上解決問題，但並不是萬驗靈藥。

早期的 C 語言實作都是由一個共同的「祖先」發展而來，因此在這些實作中許多 C 庫函數是由這個共同「祖先」形成的。此後人們開始在不同的作業系統上實作 C，他們仍然試圖使 C 庫函數的行為方式，與早期程式中所使用的庫函數保持一致。

這種嘗試並不總是成功的。而且，隨著世界各地越來越多的人們開始在不同的 C 語言實作上工作，某些庫函數的性質幾乎是註定要發生分化。今天，一個 C 語言程式設計師如果希望自己寫的程式在另一個程式設計環境也能夠工作，他就必須掌握許多這類細小的差別。

因此，可移植性是一個涵蓋範圍非常廣泛的主題。從這個主題通常的形式來看，它大幅超出了本書論述的範圍。Mark Horton 在他的著作《*How to Write Portable Software in C*》（Prentice-Hall）中詳細地討論了這個主題。本章要討論的只是少數幾個最常見的錯誤來源，重點放在語言的屬性上，而不是在函數庫的屬性上。

7.1 ｜應對 C 語言標準變更

筆者在寫作這本書的時候，ANSI 委員會關於最新的 C 語言標準的工作也接近尾聲了。這個標準包括了許多新的語言概念，這些概念在目前的 C 編譯器中並不是普遍得到支持。而且，即使我們可以合理地假設 C 編譯器銷售商會逐漸向 ANSI C 標準靠攏，很顯然所有的 C 語言用戶並不會馬上升級他們的編譯器。新的編譯器所費不菲，而且安裝也費時費力。只要編譯器還能工作，為什麼要替換它呢？

這種語言標準的變更使得 C 語言程式的編寫者面臨一個兩難的處境：程式中是否應該用到新的特性呢？如果使用它們，程式無疑更加容易編寫，而且不大容易出錯，但是那樣做也有代價，那就是這些程式在較早的編譯器上將無法工作。

本書的 4.4 節討論了一個這類例子：函數原型的概念。讓我們回想一下 4.4 節中提到的 square 函數：

```
double
square(double x)
{
    return x*x;
}
```

如果這樣寫，這個函數在很多編譯器上都不能通過編譯。如果我們按照舊風格來重寫這個函數，因為 ANSI 標準為了保持和以前的用法相容也允許這種形式，這就增強了它的可移植性：

```
double
square(x)
    double x;
{
    return x*x;
}
```

這種可移植性的獲得當然也付出了代價。為了與舊用法保持一致，我們必須在呼叫 square 函數的程式中作以下宣告：

```
double square();
```

函數宣告中略去參數類型的說明，這在 ANSI C 標準中也是合法的。因為這樣的宣告並沒有對參數類型做出任何說明，就意謂著如果在函數呼叫時傳入了錯誤類型的參數，函數呼叫就會不聲不響地失敗：

```
double square();

main()
{
    printf("%g\n", square(3));
}
```

函數 square 的宣告中並沒有對參數類型做出說明，因此在編譯 main 函數時，編譯器無法得知函數 square 的參數類型應該是 double，而不是 int。這樣，程式列印出的將是一堆「垃圾資訊」。要檢測這類問題，有一個辦法就是使用本書 4.0 節中提到的 lint 程式，前提是程式設計者的 C 語言實作提供了這個工具。

如果上面的程式寫成了這樣：

```
double square(double);

main()
{
    printf("%g\n", square(3));
}
```

這裡，3 會被自動轉換為 double 類型。另一種改寫的方式是，在這個程式中顯式地給函數 square 傳入一個 double 類型的參數：

```
double square();

main()
{
    printf("%g\n", square(3.0));
}
```

這樣做程式就能得到正確的結果。即使是對於那些不允許在函數宣告中包括參數類型的舊編譯器，第二種寫法也仍然能夠使程式照常工作。

許多有關可移植性的決策都有類似的特點。一個程式設計師是否應該使用某個新的或特定的特性？使用該特性也許能給程式設計帶來非常大的方便，但代價卻是使程式失去了一部分潛在用戶。

這個問題確實難以回答。程式的生命期往往超過程式設計者最初的預料，即使這個程式只是程式設計者出於自用為目的而編寫的。因此，我們不能只看到當下，而忽視未來可能的需要。然而，我們從上面的例子中已經看到了：為了儘量增加程式的可移植性，讓過去的工具能夠繼續工作，而放棄現在可能的好處，這種代價又未免過於昂貴。要解決這類有關決定的問題，最好的做法也許就是承認我們需要下定決心才能做出選擇，因此必須慎重對待，不能等閒視之。

7.2 ｜識別子名稱的限制

某些 C 語言實作把一個識別子中，出現的所有字元都作為有效字元處理，而另一些 C 實作卻會自動截斷一個長識別子名稱的尾部。連結器也會對它們能夠處理的名稱強加限制，例如外部名稱中只允許使用大寫字母。C 實作者在面對這樣的限制時，一個合理的選擇就是強制所有的外部名稱必須是大寫。事實上，ANSI C 標準所能確保的只是，C 實作必須能夠區別出前 6 個字元不同的外部名稱。而且，這個定義中並沒有區分大寫字母與其對應的小寫字母。

因為這個原因，為了保證程式的可移植性，謹慎地選擇外部識別子的名稱是重要的。比方說，兩個函數的名稱分別為 print_fields 與 print_float，這樣的命名方式就不恰當；同理，使用 State 與 STATE 這樣的命名方式也不明智。

下面這個例子多少有些讓人吃驚，試看以下函數：

```
char *
Malloc(unsigned n)
{
    char *p, *malloc(unsigned);
    p = malloc(n);
    if (p == NULL)
        panic("out of memory");
    return p;
}
```

上面的範例程式展示了一個，確保檢測出記憶體耗盡之異常情況的簡單辦法。程式設計者的想法是，在程式中應該呼叫 malloc 函數分配記憶體的地方，改為呼叫 Malloc 函數。如果 malloc 函數呼叫失敗，則 panic 函數將會被呼叫，panil 函數終止程式，並列印出一條恰當的出錯訊息。這樣，客戶程式就不必在每次呼叫 malloc 函數時都要進行檢查。

然而，考慮一下如果這個函數的編譯環境是不區分外部名稱大小寫的 C 語言實作，將會發生怎樣的情況呢？此時，函數 malloc 與 Malloc 實際上是等同的。也就是說，庫函數 malloc 將被上面的 Malloc 函數等效替換。當在 Malloc 函數中呼叫庫函數 malloc 時，實際上呼叫的卻是 Malloc 函數自身！當然，儘管函數 Malloc 在那些區分大小寫的 C 語言實作上仍然能夠正常工作，但在這種情況下結果卻是：程式在第一次試圖分配記憶體時對 Malloc 函數的呼叫將引起一系列的遞迴呼叫，而這些遞迴呼叫又不存在一個返回點，最後引發災難性的後果！

7.3 ｜整數的大小

C 語言中為程式設計者提供了 3 種不同長度的整數：short 型、int 型和 long 型，C 語言中的字元行為方式與小整數相似。C 語言的定義中對各種不同類型整數的相對長度作了一些規定：

1. 3 種類型的整數其長度是非遞減的。也就是說，short 型整數容納的值肯定能夠被 int 型整數容納，int 型整數容納的值也肯定能夠被 long 型整數容納。對於一個特定的 C 語言實作來說，並不需要實際支援 3 種不同長度的整數，但可能不會讓 short 型整數大於 int 型整數，而 int 型整數大於 long 型整數。

2. 一個普通（int 類型）整數足夠大以容納任何陣列索引。

3. 字元長度由硬體特性決定。

現代大多數機器的字元長度是 8 位元，也有一些機器的字元長度是 9 位元。然而，現在越來越多的 C 語言實作中的字元長度都是 16 位元，以便能夠處理諸如日語之類的語言的大字元集。

ANSI 標準要求 long 型整數的長度至少應該是 32 位元，而 short 型和 int 型整數的長度至少應該是 16 位元。因為大多數機器中字元長度是 8 位元，對這些機器而言最方便的整數長度是 16 位元和 32 位元，因此所有早期的 C 編譯器也都能夠滿足這些限制條件。

這些對程式設計實踐有什麼意義呢？最重要的一點，就是在這方面我們不能指望擁有任何可用的精度。在非正式的情況下，我們可以說 short 型和 int 型整數（普通整數）是 16 位元，long 型整數是 32 位元，但即使是這些長度也是不能保證的。程式設計師當然可以用一個 int 型整數來表示一個資料表格的大小或者陣列的索引。但如果一個變數需要存放可能是千萬數量級的數值，又該如何呢？

要定義這樣一個變數，可移植性最好的辦法就是宣告該變數為 long 型，但在這種情況下我們定義一個「新的」類型無疑更為清晰：

```
typedef long tenmil;
```

而且，程式設計師可以用這個新類型來宣告所有此類變數，最壞的情形也不過是我們只需要變動類型定義，所有這些變數的類型就自動變為正確的了。

7.4 ｜字元是有符號整數還是無符號整數

現代大多數電腦都支援 8 位元字元，因此大多數現代 C 編譯器都把字元實作為 8 位元整數。然而，並非所有的編譯器都按照同樣的方式來解釋這些 8 位元數值。

只有在我們需要把一個字元值轉換為一個較大的整數時，這個問題才變得重要起來。而在其他情況下，結果都是已定義的：多餘的位元將被簡單地「丟棄」。編譯器在轉換 char 類型到 int 類型時，需要做出選擇：應該將字元作為有符號數還是應該無符號數處理？如果是前一種情況，編譯器在將 char 類型的數擴展到 int 類型時，應該同時複製符號位元；而如果是後一種情況，編譯器只需在多餘的位元上直接填滿 0 即可。

如果一個字元的最高位元是 1，編譯器是將該字元當作有符號數，還是無符號數呢？對於任何一個需要處理該字元的程式設計師來說，上述選擇的結果非常重要。它決定著一個 8 位元字元的取值範圍是從 –128 到 127，還是從 0 到 255。而這點，又反過來影響到程式設計師對雜湊表或轉換表等的設計方式。

如果程式設計者關注一個最高位元是 1 的字元，其數值究竟是正還是負，可以將這個字元宣告為無符號字元（unsigned char）。如此一來，無論是什麼編譯器，在將該字元轉換為整數時，都只需將多餘的位元填滿為 0 即可。而如果宣告為一般的字元變數，那麼在某些編譯器上可能會作為有符號數處理，在另一些編譯器上又會作為無符號數處理。

和它相關的一個常見錯誤認知是：如果 c 是一個字元變數，使用 (unsigned) c 就可得到與 c 等價的無符號整數。這是會失敗的，因為在將字元 c 轉換為無符號整數時，c 將首先被轉換為 int 型整數，而此時可能得到非預期的結果。

正確的方式是使用語句 (unsigned char) c，因為一個 unsigned char 類型的字元在轉換為無符號整數時，無需首先轉換為 int 型整數，而是直接進行轉換。

7.5 ｜移位運算子

使用移位運算子的程式設計師，會經常對兩個問題感到困惑：

1. 在向右移位時，空出的位元是由 0 填滿，還是由符號位元的副本填滿？
2. 移位計數（即移位操作的位元數）允許的取值範圍是什麼？

第一個問題的答案很簡單，但有時卻是與具體的 C 語言實作有關。如果被移位的物件是無符號數，那麼空出的位元將被 0 填滿。如果被移位的物件是有符號數，那麼 C 語言實作既可以用 0 填滿空出的位元，也可以用符號位元的副本填滿空出的位元。程式設計者如果關注向右移位時空出的位元，那麼可以將操作的變數宣告為無符號類型，那麼空出的位元都會被設置為 0。

第二個問題的答案同樣也很簡單：如果被移位的物件長度是 n 位元，那麼移位計數必須大於或等於 0，而嚴格小於 n。因此，不可能做到在單次操作中將某個數值中的所有位元都移出。為什麼要有這個限制呢？因為只要加上了這個限制條件，我們就能夠在硬體上高效率地實作移位運算。

舉例來說，如果一個 int 型整數是 32 位元，n 是一個 int 型整數，那麼 n<<31 和 n<<0 這樣寫是合法的，而 n<<32 和 n<<-1 這樣寫是非法的。

需要注意的是，即使 C 實作將符號位元複製到空出的位元中，有符號整數的向右移位運算，也並不等同於除以 2 的某次方。要證明這點，讓我們考慮 (-1)>>1，這個操作的結果一般不可能為 0，但是 (-1)/2 在大多數 C 實作上求值結果都是 0。這意謂著以除法運算來代替移位運算，將可能導致程式執行速度大幅減慢。舉例而言，如果已知下面表達式中的 low+high 為非負，那麼

```
mid = (low + high) >> 1;
```

與下式

```
mid = (low + high) / 2;
```

完全等效，而且前者的執行速度也要快得多。

7.6 ｜記憶體位置 0

null 指標並不指向任何物件。因此，除非是用於賦值或比較運算，出於其他任何目的使用 null 指標都是非法的。例如，如果 p 或 q 是一個 null 指標，那麼 strcmp(p, q) 的值就是未定義的。

在這種情況下究竟會得到什麼結果呢？不同的編譯器有不同的結果。某些 C 語言實作對記憶體位置 0 強加了硬體級的讀取保護，在其上工作的程式如果錯誤使用了一個 null 指標，將立即終止執行。其他一些 C 語言實作對記憶體位置 0 只允許讀取，不允許寫入。在這種情況下，一個 null 指標似乎指向的是某個字串，但其內容通常不過是一堆「垃圾資訊」。還有一些 C 語言實作對記憶體位置 0 既允許讀取，也允許寫入。在這種實作上面工作的程式如果錯誤使用了一個 null 指標，則很可能覆蓋了作業系統的部分內容，造成徹底的災難！

嚴格說來，這並非一個可移植性問題：在所有的 C 語言程式中，誤用 null 指標的效果都是未定義的。然而，這樣的程式有可能在某個 C 語言實作上「似乎」能夠工作，只有當該程式轉移到另一台機器上執行時才會暴露出問題來。

要檢查出這類問題的最簡單辦法就是，把程式移到不允許讀取記憶體位置 0 的機器上執行。下面的程式將揭示出某個 C 語言實作是如何處理記憶體位址 0 的：

```
#include <stdio.h>

main()
{
    char *p;
    p = NULL;
    printf("Location 0 contains %d\n", *p);
}
```

在禁止讀取記憶體位址 0 的機器上，這個程式將會執行失敗。在其他機器上，這個程式將會以 10 進制的格式列印出記憶體位置 0 中儲存的字元內容。

7.7 ｜除法運算時發生的截斷

假定我們讓 a 除以 b，商為 q，餘數為 r：

```
q = a / b;
r = a % b;
```

這裡，不妨假定 b 大於 0。

我們希望 a、b、q、r 之間維持怎樣的關係呢？

1. 最重要的一點，我們希望 q*b + r == a，因為這是定義餘數的關係。
2. 如果我們改變 a 的正負號，我們希望這會改變 q 的符號，但這不會改變 q 的絕對值。
3. 當 b>0 時，我們希望確保 r>=0 且 r<b。例如，如果餘數用於雜湊表的索引，確保它是一個有效的索引值很重要。

這三條性質是我們認為整數除法和餘數操作所應該具備的。很不幸的是，它們不可能同時成立。

考慮一個簡單的例子：3/2，商為 1，餘數也為 1。此時，第 1 條性質得到了滿足。(-3)/2 的值應該是多少呢？如果要滿足第 2 條性質，答案應該是 -1，但如果是這樣，餘數就必定是 -1，這樣第 3 條性質就無法滿足了。如果我們首先滿足第 3 條性質，即餘數是 1，這種情況下根據第 1 條性質則商是 -2，那麼第 2 條性質又無法滿足了。

因此，C 語言或者其他語言在實作整數除法截斷運算時，必須放棄上述三條原則中的至少一條。大多數程式設計語言選擇了放棄第 3 條，而改為要求餘數與被除數的正負號相同。這樣，性質 1 和性質 2 就可以得到滿足。大多數 C 編譯器在實踐中也都是這樣做的。

然而，C 語言的定義只確保了性質 1，以及當 a>=0 且 b>0 時，確保 |r|<|b| 以及 r>=0。後面部分的確保與性質 2 或者性質 3 比較起來，限制性要弱得多。

C 語言的定義雖然有時候會帶來不需要的靈活性，但大多數時候，只要程式設計者清楚地知道要做什麼、該做什麼，這個定義對讓整數除法運算滿足其需要來說還是夠用的。例如，假定我們有一個數 n，它代表識別子中的字元經過某種函數運算後的結果，我們希望透過除法運算得到雜湊表的條目 h，滿足 0<=h<HASHSIZE。又如果已知 n 恆為非負，那麼我們只需要像下面一樣簡單地寫：

```
h = n % HASHSIZE;
```

然而，如果 n 有可能為負數，而此時 h 也有可能為負，那麼這樣做就不一定總是合適的了。不過，我們已知 h>-HASHSIZE，因此我們可以這樣寫：

```
h = n % HASHSIZE;
if (h < 0)
    h += HASHSIZE;
```

更好的做法是，程式在設計時就應該避免 n 的值為負這樣的情形，並且宣告 n 為無符號數。

7.8 ｜亂數的大小

最早的 C 語言實作執行於 PDP-11 電腦上，它提供了一個稱為 rand 的函數，該函數的作用是產生一個（偽）隨機非負整數。PDP-11 電腦上的整數長度為 16 位元（包括了符號位元），因此 rand 函數將返回一個介於 0 到 215-1 之間的整數。

當在 VAX-11 電腦上實作 C 語言時，因為該種機器上整數的長度為 32 位元，這就帶來了一個實作方面的問題：VAX-11 電腦上 rand 函數的返回值範圍應該是多少呢？

當時有兩組人員同時分別在 VAX-11 電腦上實作 C 語言，他們做出的選擇互不相同。一組人員在加州大學伯克利分校，他們認為 rand 函數的返回值範圍應該包括該機器上所有可能的非負整數取值，因此他們設計版本的 rand 函數返回一個介於 0 到 2^{31}-1 的整數。

另一組人員在 AT&T，他們認為如果 VAX-11 電腦上的 rand 函數返回值範圍與 PDP-11 電腦上的一樣，即介於 0 到 2^{15}-1 之間的整數，那麼在 PDP-11 電腦上所寫的程式就能夠較為容易移植到 VAX-11 電腦上。

這樣造成的後果是，如果我們的程式中用到了 rand 函數，在移植時就必須根據特定的 C 語言實作作出「剪裁」。ANSI C 標準中定義了一個常數 RAND_MAX，它的值等於亂數的最大取值，但是早期的 C 實作通常都沒有包含這個常數。

7.9 ｜大小寫轉換

庫函數 toupper 和 tolower 也有與亂數類似的歷史。它們起初被實作為巨集：

```
#define toupper(c) ((c)+'A'-'a')
#define tolower(c) ((c)+'a'-'A')
```

當給定一個小寫字母作為輸入，toupper 將返回對應的大寫字母。而 tolower 的作用正好相反。這兩個巨集都依賴於特定實作中字元集的性質，即需要所有的大寫字母與相應的小寫字母之間的差值是一個常數。這個假定對 ASCII 字元集和 EBCDIC 字元集來說都是成立的。而且，因為這些巨集定義不能移植，且這些巨集定義都被封裝在一個檔案中，所以這個假定也並不那麼危險。

然而，這些巨集確實有一個不足之處：如果輸入的字母大小寫不對，那麼它們返回的就都是無用的垃圾資訊。考慮下面的程式區段，其作用是把一個檔案中的大寫字母全部轉換為小寫字母，這個程式區段看上去沒什麼問題，但實際上卻無法工作：

```
int c;
while ((c = getchar()) != EOF)
    putchar (tolower (c));
```

我們應該寫成這樣才對：

```
int c;
while ((c = getchar()) != EOF)
    putchar (isupper (c)? tolower (c): c);
```

有一次，AT&T 軟體開發部門的一個極具創新精神的人注意到，大多數 toupper 和 tolower 的使用都需要首先進行檢查以確保參數是合適的。慎重考慮之後，他決定把這些巨集重寫如下：

```
#define toupper(c) ((c) >= 'a' && (c) <= 'z'? (c) + 'A' - 'a': (c))
#define tolower(c) ((c) >= 'A' && (c) <= 'Z'? (c) + 'a' - 'A': (c))
```

他又意識到這樣做有可能在每次巨集呼叫時，致使 c 被求值 1 到 3 次。如果遇到類似 toupper(*p++) 這樣的表達式，可能造成不良後果。因此，他決定重寫 toupper 和 tolower 為函數，重寫後的 toupper 函數看上去大致像這樣：

```
int
toupper (int c)
{
    if (c >= 'a' && c <= 'z')
        return c + 'A' -'a';
    return c;
}
```

重寫後的 tolower 函數也和它類似。

這樣變動之後程式的健壯性無疑得到了增強，而代價是每次使用這些函數時卻又引入了函數呼叫的開銷。他意識到某些人也許不願意付出效率方面損失的代價，因此他又重新引入了這些巨集，不過使用了新的巨集名稱：

```
#define _toupper(c) ((c)+'A'-'a')
#define _tolower(c) ((c)+'a'-'A')
```

這樣，巨集的使用者就可以在速度與方便之間自由選擇。

這裡還有一個問題，那就是加州大學伯克利分校的那組人員以及某些其他的 C 語言實作者，他們不會照這樣實作大小寫的轉換。這意謂著，在 AT&T 的系統上我們編寫程式使用 toupper 和 tolower 時，不必擔心傳入一個大小寫不合適的字母作為參數，但在其他一些 C 語言實作上，程式卻有可能無法執行。如果程式設計者不瞭解這段歷史，要追蹤這類程式失敗就很困難。

7.10 首先釋放，然後重新分配

大多數 C 語言實作都為使用者提供了 3 個記憶體分配函數：malloc，realloc 和 free。呼叫 malloc(n) 將返回一個指標，指向一塊新分配的可以容納 n 個字元的記憶體，程式設計者可以使用這塊記憶體。把 malloc 函數返回的指標作為參數傳入給 free 函數，就釋放了這塊記憶體，這樣就可以重新利用了。呼叫 realloc 函數時，需要把指向一塊已分配記憶體的區域指標，以及這塊記憶體新的大小作為參數傳入，就可以調整（擴大或縮小）這塊記憶體區域為新的大小，這個過程中有可能涉及到記憶體的複製。

凡事皆有例外。UNIX 系統參考手冊第 7 版中描述的 realloc 函數的行為，與上面所講就略有不同：

> Realloc 函數把指標 ptr 所指向記憶體塊的大小調整為 size 位元組，返回一個指向調整後的記憶體區塊（可能該記憶體塊已經被移動過了）的指標。假定這塊記憶體原來大小為 oldsize，新的大小為 newsize，這兩個數之間較小者為 min(oldsize, newsize)，那麼記憶體區塊中 min(oldsize, newsize) 部分儲存的內容將保持不變。
>
> 如果 ptr 指向的是一塊最近一次呼叫 malloc，realloc 或 calloc 分配的記憶體，即使這塊記憶體已被釋放，realloc 函數仍然可以工作。因此，可以透過調節 free，malloc 和 realloc 的呼叫順序，充分利用 malloc 函數的搜尋策略來壓縮儲存空間。

也就是說，這個實作允許在某記憶體區塊被釋放之後重新分配其大小，前提是記憶體重分配（reallocation）操作執行得必須足夠早。因此，在符合第 7 版參考手冊描述的系統中，下面的程式碼就是合法的：

```
free (p);
p = realloc (p, newsize);
```

在一個有這樣特殊性質的系統中，我們可以用下面這個多少有些「怪異」的辦法，來釋放一個鏈表中的所有元素：

```
for (p = head; p != NULL; p = p->next)
    free ((char *) p);
```

這裡，我們不必擔心呼叫 free 之後，會使 p->next 變得無效。

當然，這種技巧不值得推薦，因為並非所有的 C 實作在某塊記憶體被釋放後還能較長時間的保留。不過，第 7 版參考手冊還有一點沒有提到：早期的 realloc 函數的實作，要求待重新分配的記憶體區域必須首先被釋放。因為這個原因，仍然還有一些較老的 C 語言程式是首先釋放某塊記憶體，然後再重新分配這塊記憶體。當我們移植這樣一個較老的 C 語言程式到一個新的實作中時，必須注意到這點。

7.11 ｜可移植性問題的一個例子

讓我們來看這樣一個問題，這個問題許多人都遇到過，也被解決過許多次，因此非常具有代表性。下面的程式接受兩個參數：一個 long 型整數和一個函數指標。這段程式的作用是把提供的 long 型整數轉換為其 10 進制表示，並且對 10 進制表示中的每個字元，都呼叫函數指標所指向的函數：

```
void
printnum (long n, void (*p)())
{
    if (n < 0) {
        (*p) ('-');
        n = -n;
```

```
    }
    if (n >= 10)
        printnum (n/10, p);
    (*p) ((int)(n % 10) + '0');
}
```

這段程式寫得非常明白直接。首先，我們檢查 n 是否為負；如果是負數，就列印出一個負號，然後讓 n 反號，即 -n。接著，我們檢查 n 是否大於等於 10；如果是，那麼 n 的 10 進制表示要包含兩個或兩個以上數字，然後我們遞迴呼叫 printnum 函數列印出 n 的 10 進制表示中，除了最後一位元以外的所有數字。最後，我們列印出 n 的 10 進制表示中的末位數字。為了使 *p 能夠處理正確參數類型，這裡把表達式 n%10 的類型轉換為 int 類型。這點在 ANSI C 標準中其實並不必要，之所以進行類型轉換主要是為了避免某些人，可能只是簡單地改寫一下 printnum 的函數頭，就將程式移植到早期的 C 實作上。

> **註** 這本書是在作者 1985 年發表的一篇技術報告的基礎上發展而來，當時那篇報告中函數 printnum 最後一個語句的寫法是：
>
> ```
> (*p) (n % 10 + '0');
> ```
>
> 只在那些 int 型和 long 型整數的內部表示相同的機器上，這種寫法才是有效的。

這個程式儘管簡單，卻存在幾個可移植性方面的問題。第一個問題出在該程式把 n 的 10 進制表示的末位數字，轉換為字元形式時所用的方法。透過 n%10 來得到末位數字的值，這點沒有什麼問題；但是給它加上 '0' 來得到對應的字元表示卻不一定合適。程式中的加法操作實際上假定了在機器的字元集中數字是順序排列、沒有間隔的，這樣才有 '0' + 5 的值與 '5' 的值相同，依此類推。這種假定，對 ASCII 字元集和 EBCDIC 字元集是正確的，對符合 ANSI 的 C 實作也是正確的，但對某些機器卻有可能出錯。要避免這個問題，解決辦法是使用一張代表數字的字元表。因為一個字串常數可以用來表示一個字元陣列，所以在陣列名稱出現的地方都可以用字串常數來替換。下面例子中 printnum 函數的這個表達式雖然有些令人吃驚，卻是合法的：

```
"0123456789"[n % 10]
```

我們把前面的程式進行以下改寫，就解決了第一個可移植性問題：

```
void
printnum (long n, void (*p)())
{
    if (n < 0) {
        (*p) ('-');
        n =-n;
    }
    if (n >= 10)
        printnum (n/10, p);
    (*p) ("0123456789"[n % 10]);
}
```

第二個問題與 n<0 時的情形有關。上面的程式首先列印出一個負號，然後把 n 設置為 -n。這個賦值操作有可能發生溢出，因為採用 2 的補數的電腦一般允許表示的負數取值範圍，要大於正數的取值範圍。具體來說，就是如果一個 long 型整數有 k 位元以及一個符號位元，該 long 型整數能夠表示 2k 卻不能表示 2k。

要解決這個問題，有好幾種辦法。最明顯的一種辦法是把 -n 賦給一個 unsigned long 型的變數，然後對這個變數進行操作。但是，我們不能對 -n 求值，因為這樣做將引起溢出！

無論是採用 1 的補數還是 2 的補數（1's complement and 2's complement）的機器，改變一個正整數的符號都可以確保不會發生溢出。唯一的麻煩來自於當改變一個負數的符號的時候。因此，如果我們能夠確保不將 n 轉換為對應的正數，那麼我們就能避免這個問題。

> **譯注** 有符號整數的二進制表示可以分為 3 個部分，分別是符號位元（sign bit）、值位元（value bits）和補齊位元（padding bits）。補齊位元只是填滿空白位置，沒有什麼意義。當符號位元是 1 時表示負數，根據符號位元所代表數值的不同，分為 one's comlement 和 two's complement。假設值位元共有 N 位元，則
>
> 1. one's complement：二進制表示的下限為 $-(2^N-1)$。
>
> 2. two's complement：二進制表示的下限為 $-(2^N)$。

我們當然可以做到以同樣的方式來處理正數和負數，只不過 n 為負數時需要列印出一個負號。要做到這點，程式在列印負號之後強制 n 為負數，並且讓所有的算術運算都是針對負數進行的。也就是說，我們必須保證列印負號的操作所對應的程式只被執行一次，最簡單的辦法就是把程式分解為兩個函數。現在，printnum 函數只是檢查 n 是否為負，如果是的就列印一個負號。無論 n 為正為負，printnum 函數都將呼叫 printneg 函數，以 n 的絕對值的相反數為參數。這樣，printneg 函數就滿足了 n 總為負數或零的條件：

```
void
printneg (long n, void (*p)())
{
    if (n<=-10)
        printneg (n/10, p);
    (*p) ("0123456789"[-(n % 10)]);
}

void
printnum (long n, void (*p)())
{

    if (n < 0) {
        (*p) ('-');
        printneg (n, p);
    } else
        printneg (-n, p);
}
```

這樣寫還是有在可移植性方面的問題。我們曾經在程式中使用 n/10 和 n%10 來分別表示 n 的首位數字與末位數字，當然還需要適當改變符號。回憶一下，本章前面提到了：當整數除法運算中的一個運算元為負時，它的行為表現與具體的實作有關。因此，當 n 為負數時，n%10 完全有可能是一個正數！此時，-(n % 10) 就是一個負數，"0123456789"[-(n % 10)] 就不在數字陣列之中。

要解決這個問題，我們可以建立兩個臨時變數，來分別保存商和餘數。在除法運算完成之後，檢查餘數是否在合理的範圍內；如果不是，則適當調整兩個變數。

printnum 函數不需要進行修改，需要變動的是 printneg 函數，因此下面我們只寫出了 printneg 函數：

```
void
printneg (long n, void (*p)())
{
    long q;
    int r;

    q = n / 10;
    r = n % 10;
    if (r > 0) {
        r - =10;
        q++;
    }
    if (n <= -10)
        printneg (q, p);
    (*p) ("0123456789"[-r]);
}
```

看到這裡，讀者也許會歎一口氣，為了滿足可移植性，需要做的工作太多了！我們為什麼要如此不辭勞苦精益求精地修改呢？因為我們所處的是一個程式設計環境不斷改變的世界，儘管軟體看上去不像硬體那麼實在，但大多數軟體的生命期卻要長於它執行其上的硬體。而且，我們很難預言未來硬體的特性。因此，努力提高軟體的可移植性，實際上是延長了軟體的生命期。

可移植性強的軟體比較不容易出錯。本例中的程式碼變動看上去是提高軟體的可移植性，實際上大多數工作是確保邊界條件的正確，即確保當 printnum 函數的參數是可能取到的最小負數時，它仍然能夠正常工作。作者本人就見過一些商業軟體產品，正是因為對這種情況處理不好而出了大錯。

練習 7-1

本章第 3 節中說，如果一個機器的字元長度為 8 位元，那麼其整數長度很可能是 16 位元或 32 位元。請問原因是什麼？

練習 7-2

函數 atol 的作用是，接受一個指向以 null 結尾的字串的指標作為參數，返回一個對應的 long 型整數值。假定：

- **作為輸入參數的指標，指向的字串總是代表一個合法的 long 型整數值，因此 atol 函數無須檢查該輸入是否越界。**
- **唯一合法的輸入字元是數字和正負號。輸入字串在遇到第一個非法字元時結束。**

請寫出 atol 函數的一個可移植版本。

Chapter

08

建議與答案

本書從第 1 章到第 7 章，引領著讀者在 C 語言中最為幽微晦暗的部分探奇攬勝，讀者看到了 C 語言是一個強大靈活的工具，而程式設計師一旦使用不慎又是多麼容易導致錯誤。我們的探險之旅已經結束，讀者也許感到意猶未盡，就像大多數曾經閱讀過本書早期手稿的人一樣，禁不住要發問：「我們怎樣才能避免 C 語言中的這些問題呢？」

也許最重要的規避技巧就是，知道自己在做什麼。最令人生厭的問題都來自那些看起來能工作，其實卻潛藏著 Bug 的程式。正因為這些問題潛藏不露，要檢測它們最容易的辦法就是事前周密思考。如果拿到一個程式不假思索、動手就做，使之能執行起來就萬事大吉。可以肯定，這樣得到的只是一個「幾乎能工作」的程式而已。

關於這點，就我所知範圍內，道理說得最透徹的應該是我在一本大鍵琴製作手冊上讀到的一段話。這段話的作者是 David Jacques Way，他深諳對知識充滿自信的重要。承蒙 David 惠允，我將這段話摘錄如下：

> 「思考」是一切錯誤之源；我可以輕易地舉出事實來證明這點：犯了錯的人總是會說，「哦，可是我原以為⋯⋯」只要大鍵琴的各種零件還沒有組合在一起，你就應該反覆思考直到真正理解，這種「思考」是無妨

> 的。你應該在不用接著劑的情況下把所有的零件拼裝起來（稱為演習或排練），研究它們是如何接合的，並與裝配圖仔細對照。
>
> 在你把某些零件組合起來之後，還應該再檢查一遍。我聽過很多次這種不幸的故事：「昨晚我做了什麼什麼，可是今天早上我再看就……」
>
> 親愛的製作者，如果你昨晚就有仔細看的話，那麼你可能已經把不合適的零件拆下來重新裝好了。很多製作者是利用業餘時間來動手 DIY 一台大鍵琴，所以經常忍不住要做到深夜。但是，根據我接聽求助電話的經驗，大多數錯誤都出在製作者在上床睡覺之前做的最後一件工作。所以，在你準備最後做一點什麼之前，還是早點休息吧。

上面這段文字中的「把所有的零件用接著劑拼裝起來」，可以與程式設計中「把多個小的部分組合成一個較大的程式」做比擬。這樣比擬之後，上面文字中的建議用於程式設計就再貼切不過了。在實際組合程式之前想清楚應該如何組合，對得到一個可靠的結果是非常重要的。

在面臨時間壓力的情況下，對程式組合方式的理解尤其重要。程式設計者幾乎都有過這樣的經歷：在除錯程式很長一段時間之後，疲憊不堪的程式設計師開始漫無目的地瞎碰，這裡試一下，那裡改一點，如果湊巧程式似乎可以執行了，便萬事大吉。這種工作方式往往最後導致一場災難！

8.1 ｜建議

關於如何減少程式錯誤，下面還有一些通用的建議：

不要說服自己相信「國王的新衣」　有的錯誤極具偽裝性和欺騙性。例如，本書 1.1 節中的例子與出現在作為本書最初原型的那篇技術報告中的例子，有一些細微的差別，原來的例子是這樣寫的：

```
while (c == '\t' || c = ' ' || c == '\n')
    c = getc(f);
```

如上，這個例子在 C 語言中是非法的。因為賦值運算子 = 的優先級比 while 子句中其他運算子的優先級都要低，因此上例可以這樣解釋：

```
while ((c == '\t' || c) = (' ' || c == '\n'))
    c = getc(f);
```

當然，這是非法的：

```
(c == '\t' || c)
```

不能出現在賦值運算子的左側。數以千計的人讀過這個例子，但是卻沒有人注意到其中的錯誤，直到最後 Rob Pike 為我指了出來。

從我開始寫作本書起，直到最後接近完稿的時候，我一直沒有去注意讀者對那篇技術報告的評論。因此，上面這個錯誤的例子就留在了手稿中，手稿先是在貝爾實驗室內部審閱，後來 Addison-Wesley 出版社又將該書手稿送出外審。但是，沒有一個審閱者注意到這個錯誤。

直截了當地表明意圖　當你編寫程式碼的本意是希望表達某個意思，但這些程式碼有可能被誤解為另一種意思時，請使用括號或者其他方式讓你的意圖盡可能清楚明瞭。這樣做不僅有助於你日後重讀程式時更能夠理解自己的用意，也方便了其他程式設計師日後維護你的程式碼。

有時候我們還應該預料哪些錯誤有可能出現，在程式碼的編寫方式上做到事先預防，一旦錯誤真正發生能夠馬上捕獲。例如，有的程式設計師把常數放在判斷相等的比較表達式的左側。換言之，不是按照習慣的寫法：

```
while (c == '\t' || c == ' ' || c == '\n')
    c = getc(f);
```

而是寫作：

```
while ('\t' == c || ' ' == c || '\n' == c)
    c = getc(f);
```

這樣一來，如果程式設計師不小心把比較運算子 == 寫成了賦值運算子 = ，編譯器將會捕獲到這種錯誤，並提出一條編譯器的診斷資訊：

```
while ('\t' = c || ' ' == c || '\n' == c)
    c = getc(f);
```

上面的程式碼試圖給字元常數 '\t' 賦值，因此是非法的。

思考最簡單的特例　無論是構思程式的工作方式，還是測試程式的工作情況，這個原則都是適用的。當部分輸入資料為空或者只有一個元素時，很多程式都會執行失敗，其實這些情況應該是一開始就應該考慮到的。

這個原則還適用於程式的設計。在設計程式時，我們可以首先考慮一組輸入資料全為空的情形，從最簡單的特例獲得啟發。

使用不對稱邊界　本書 3.6 節關於如何表示取值範圍的討論，值得一讀再讀。C 語言中陣列索引取值從 0 開始，各種計數錯誤的產生與這點或多或少有關係。我們一旦理解了這個事實，處理這些計數錯誤就變得不那麼困難了。

注意潛伏在暗處的 Bug　各種 C 語言實作之間，都存在著或多或少的細微差別。我們應該堅持只使用 C 語言中眾所周知的部分，而避免使用那些「生僻」的語言特性。這樣做，我們能夠很方便地將程式移植到一個新的機器或編譯器，而且「遭遇」到編譯器 Bug 的可能性也會大幅降低。

例如，回想一下本書 3.1 節關於陣列與指標的討論，因為很多問題和事項尚不確定，討論無法深入下去，不得不就此打住。任何一個程式，如果它必須依賴特定的 C 語言實作來保證諸多細節的正確性，那麼很可能在某個時候無法工作。

對那些細節處的考慮有欠周到的函數庫實作，我們在編寫的時候要預先採取某些防備性的措施。有一次，我在將一個程式從某個機型移植到另一個機型時，遇到了很大的麻煩。最後發現原因是程式中呼叫 printf 庫函數時，預設假設其格式字串的長度可以達到幾千個字元長度。當然，這個假設並沒有什麼錯，只是某些 C 語言實作中的 printf 庫函數無法處理這麼長格式的字串。

在你準備使用某些，只被特定廠商的產品所支援的特性時，這個建議就顯得特別重要。記住，程式的生命期往往要長於它執行其上的機器的生命期！

防禦性程式設計 對程式用戶和編譯器實作的假設不要過多！我還記得自己在開發某個系統時，曾經與一個用戶有過這樣一場對話：

「這部分記錄中可能出現的程式碼有哪些？」

「可能的程式碼是 X、Y 和 Z。」

「如果與 X、Y 和 Z 不同的程式碼在這裡出現，該怎麼辦呢？」

「這不可能發生。」

「嗯，但如果這種情況確實發生時，程式需要做些適當的處理。你認為程式應該做些什麼呢？」

「這個我可不關心。」

「你真的不關心？」

「對。」

「那麼，如果程式在檢測到不同於 X、Y 和 Z 的程式碼出現時刪除整個資料庫，你也不會介意嗎？」

「太荒唐了。你絕對不能刪除整個資料庫！」

「那就是說，你還是介意程式在這種情況下的行為。那麼，你希望程式做些什麼呢？」

我們知道，再怎麼不可能發生的事情，某些時候還是有可能發生的。一個健壯的程式應該預先考慮到這種異常情況。

如果 C 編譯器能夠捕獲到更多的程式設計錯誤，這固然不錯。不幸的是，因為某些方面的原因，要做到這點很困難。最重要的原因也許是歷史因素：長期以來，人們慣於用 C 語言來完成以前用組合語言做的工作。因此，許多 C 語言程式中總有這樣的部分，刻意去做那些嚴格說來在 C 語言所允許範圍以外的工作。最明顯的例子就是類似作業系統的東西。這樣，一個 C 編譯器要做到嚴格檢測程式中的各種錯誤，就要對程式中本意是可移植的部分做到嚴格檢測，同時對程式中那些需要完成與特定機器相關工作的部分網開一面。

另一個原因是，某些類型的錯誤從本質上說是難於檢測的。觀察下面的函數：

```
void set(int *p, int n) {
    *p = n;
}
```

這個函數是合法還是非法？離開一定的上下文，我們當然不可能知道答案。如果像下面的程式碼一樣呼叫這個函數：

```
int a[10];
set(a+5, 37);
```

這當然是合法的，但如果這樣來呼叫 set 函數：

```
int a[10];
set(a+10, 37);
```

上面的程式碼就是非法的了。ANSI C 標準允許程式得到陣列尾端出界的第一個位置的位址，因此上面的後一個程式碼區段從它本身來說並沒有什麼錯誤。C 編譯器想要捕獲到這樣的錯誤，就必須非常地「聰明」。

但是並不是說，C 編譯器要檢測到範圍更廣的程式錯誤是不可能的。這不僅有可能，而且事實上市場上已經有了一些這樣的編譯器。但是，任何 C 語言實作都無法捕獲到所有的程式錯誤。

8.2 | 答案

練習 0-1

你是否願意購買一個返修率很高的廠家所生產的汽車？如果廠家宣告它已經作出了改進，你的態度是否會改變？用戶為你找出程式中的 Bug，你真正損失的是什麼？

我們之所以選擇一種產品而不選擇另一種產品，其中一個重要的考慮因素就是廠商的信譽。如果信譽一旦失去，就很難重新獲得。我們需要認真思考，企業最近產品的高品質是真實的，還是純屬偶然。

大多數人們在已經知道一個產品有可能存在重大設計缺陷時，不會去購買這個產品——除非這是一個軟體產品。很多人寫過一些給其他人用的程式。人們對軟體產品不能工作已經習以為常、見怪不怪。我們應該用產品的高品質來讓這些人大吃一驚。

練習 0-2

修建一個 100 英尺長的護欄，護欄的欄杆之間相距 10 英尺，你需要多少根欄杆？

11 根。圍欄一共分成 10 段，但欄杆卻需要 11 根。請親自數一數。本書 3.6 節討論了這個問題與一類常見的程式設計錯誤的關係。

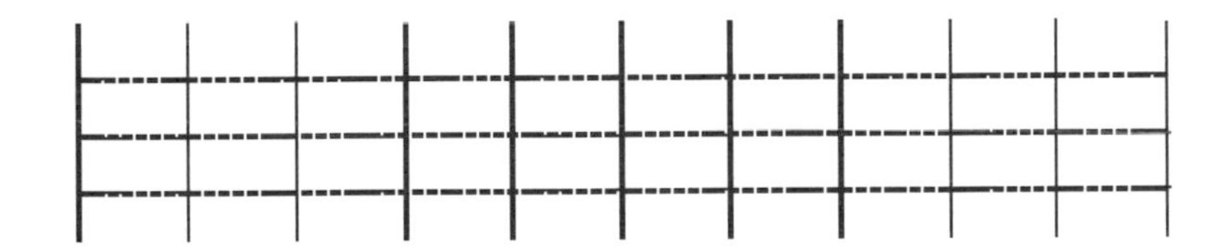

練習 0-3

在烹飪時你是否失手用菜刀切傷過自己的手？怎樣改進菜刀使得使用更安全？你是否願意使用這樣一把經過改良的菜刀？

我們很容易想到辦法讓一個工具更安全，代價是原來簡單的工具現在要變得複雜一些。食品加工機一般有連鎖裝置，保護使用者不讓手指受傷。但是菜刀卻不同，給這樣一個簡單、靈活的工具附加保護手指避免受傷的裝置，只能讓它失去簡單靈活的特點。實際上，這樣做最後得到的也許更像一台食品加工機，而不是一把菜刀。

使其難於做「傻事」常常會使其難於做「聰明事」，正所謂「弄巧成拙」。

練習 1-1

某些 C 編譯器允許巢狀註解。請寫一個測試程式，要求：無論是對允許巢狀註解的編譯器，還是對不允許巢狀註解的編譯器，該程式都能正常通過編譯（無錯誤訊息出現），但是這兩種情況下程式執行的結果卻不相同。

> **提示：**在用雙引號括起來的字串中，註解符號 /* 屬於字串的一部分，而在註解中出現的雙引號 " " 又屬於註解的一部分。

為了判斷編譯器是否允許巢狀註解，必須找到這樣一組符號序列，無論是對於允許巢狀註解的編譯器，還是不允許巢狀註解的編譯器，它都是合法的；但是，對於兩類不同的編譯器，它卻意謂著不同的事物。這樣一組符號序列不可避免地要涉及巢狀註解，讓我們從這裡開始討論：

```
/*/**/
```

對於一個允許巢狀註解的 C 編譯器，無論上面的符號序列後面跟什麼，都屬於註解的一部分；而對於不允許巢狀註解的 C 編譯器，後面跟的就是實實在在的程式碼內容。也許有人因此想到，可以在後面再跟一個註解結束符號，並用一對引號夾起：

```
/*/**/"*/"
```

如果允許巢狀註解，上面的符號序列就等效於一個引號；如果不允許，那麼就等效於一個字串 "*/"。因此，我們可以接著在後面跟一個註解開始符號以及一個引號：

```
/*/**/"*/"/*"
```

如果允許巢狀註解，上面就等效於用一對引號引起的註解開始符號 "/*"；如果不允許，那麼就等效於一個用引號括起的註解結束符號，後跟一段未結束的註解。我們可以簡單地讓最後的註解結束：

```
/*/**/"*/"/*"/**/
```

這樣一來，如果允許巢狀註解，上面的表達式就等效於 "*/"；如果不允許，那麼就等效於 "/*"。

在我用基本上類似於上面的形式解決這個問題之後，Doug McIlroy 發現了下面這個讓人拍案叫絕的解法：

```
/*/*/0*/**/1
```

這個解法主要利用了編譯器作詞法分析時的「大嘴法」規則。如果編譯器允許巢狀註解，則上式將被解釋為：

```
/* /* /0 */ * */ 1
```

兩個 /* 符號與兩個 */ 符號正好匹配，所以上式的值就是 1。如果不允許巢狀註解，註解中的 /* 將被忽略。因此，即使是 / 出現在註解中也沒有特殊的涵義；上面的表達式因此將被這樣解釋：

```
/* / */ 0* /**/ 1
```

它的值就是 0*1，也就是 0。

練習 1-2

如果由你來實作一個 C 編譯器，你是否會允許巢狀註解？如果你使用的 C 編譯器允許巢狀註解，你會用到編譯器的這個特性嗎？你對第二個問題的回答是否會影響到你對第一個問題的回答？

巢狀註解對於暫時移除一塊程式碼很有用：在這塊程式碼之前加上一個註解開始符，在程式碼之後加上一個註解結束符號，就一切 OK 了。然而，這樣做也有缺點：如果用註解的方式從程式中移除一大塊程式碼，很容易讓人注意不到程式碼已經被移除了。

但是，C 語言定義並不允許巢狀註解，因此一個完全遵守 C 語言標準的編譯器就別無其他選擇了。而且，一個程式設計者如果依賴巢狀註解，那麼他所得到的程式在很多編譯器上將無法通過。這樣，任何巢狀註解的使用，不可避免地只能限制在那些不準備以原始程式碼形式分發的程式之中。而且，在新的 C 語言實作上，或者當原來的 C 語言實作有了變動時，這樣的程式還將有不能執行的風險。

因為這些原因，如果讓我來編寫一個 C 編譯器，我將不會選擇實作巢狀註解；而且，即使我所用的編譯器允許巢狀註解，我也不會在程式中用到這個特性。當然，最終的決定還是應該由讀者自己作出。

練習 1-3

為什麼 n-->0 的涵義是 n-- > 0，而不是 n- -> 0 ？

根據「大嘴法」規則，在編譯器讀入 > 之前，就已經將 -- 視為單一符號了。

練習 1-4

a+++++b 的涵義是什麼？

上式唯一有意義的解析方式是：

```
a ++ + ++ b
```

可是，我們也注意到，根據「大嘴法」規則，上式應該被分解為：

```
a ++ ++ + b
```

這個式子從語法上來說是不正確的，它等價於：

```
((a++)++) + b
```

但是，a++ 的結果不能作為左值，因此編譯器不會接受 a++ 作為後面的 ++ 運算子的運算元。這樣一來，如果我們遵循了解析詞法二義性問題的規則，上例的解析從語法上來說又沒有意義。當然，在程式設計實踐中，謹慎的做法就是儘量避免使用類似的結構，除非程式設計者非常清楚這些結構的涵義。

練習 2-1

C 語言允許初始化列表中出現多餘的逗號，例如：

```
int  days[] = { 31, 28, 31, 30, 31, 30,
                31, 31, 30, 31, 30, 31,};
```

為什麼這種特性是有用的？

我們可以把上例的縮排格式稍作變動如下：

```
int  days[] = {
        31, 28, 31, 30, 31, 30,
        31, 31, 30, 31, 30, 31,
};
```

現在我們可以很容易看出，初始化列表的每一行都是以逗號結尾的。正因為每一行在語法上的這種相似性，自動化的程式設計工具（例如，程式碼編輯器等）才能夠更方便地處理很大的初始化列表。

練習 2-2

本章的第 3 節指出了在 C 語言中以分號作為語句結束的標誌而帶來的一些問題。雖然我們現在考慮改變 C 語言的這個規定已經太遲了，但是想像一下分隔語句，是否還有其他辦法卻是一件頗有趣味的事情。其他語言中是如何分隔語句呢？這些方法是否也存在它們固有的缺陷呢？

Fortran 與 Snobol 語言中，語句隨著程式碼行的結束而自然結束；這兩種語言都允許一個語句跨多個程式碼行，只要在語句的第二行以及後續各行有明確的指示標誌即可。在 Fortran 語言中，這個指示標誌就是在程式碼行的字元位置 6 上出現非空白字元（程式碼行的字元位置 0 － 5 已預留給語句標號）。在 Snobol 語言中，這個指示標誌就是在程式碼行的字元位置 1 出現一個 . 或者 + 符號。

一個程式碼行的涵義要受到其後續程式碼行的影響，這點多少顯得有些「怪異」。因此，某些程式語言改為在第 n 行程式碼中使用某種指示標誌，以表示第 n+1 行程式碼應該被當作同一個語句的一部分。例如，Unix 系統的 Shell（如

bash、ksh、csh 等）在程式碼行的結尾使用字元 \ 來作為指示標誌，表示下一個程式碼行是同一個語句的一部分。C 語言在預處理器中以及字串內部，沿用了 Unix 系統中的這個慣例。其他語言，例如 Awk 和 Ratfor，只要一個程式碼行結束時還有從語法上來說需要補足的不完整部分，例如一個運算子（要求後面跟一個運算元）或者一個左括號（要求後面出現相應的右括號），那麼語句就被視為自然地擴展到了下一個程式碼行。這種處理方式雖然難於嚴格定義，但在程式設計實踐中應用起來似乎並無大礙。

練習 3-1

假定對於索引越界的陣列元素即使取其位址也是非法的，那麼本書 3.6 節中的 bufwrite 程式應該如何寫呢？

bufwrite 程式實際上隱含了這樣一個假定：即使在緩衝區完全填滿時，bufwrite 函數也仍然可以返回，而留待下一次 bufwrite 函數被呼叫時再刷新。如果指標變數 bufptr 不能指向緩衝區以外的位置，這個問題就突然變得棘手起來：我們應該如何指示緩衝區已滿這種情形呢？

最不麻煩的解決方案似乎是，避免在緩衝區已滿時從 bufwrite 函數中返回。要做到這點，我們就要把最後一個進入緩衝區的字元作為特例處理。

除非我們已經知道指標 p 指向的並不是某個陣列的最後一個元素，否則的話，我們必須避免對 p 進行遞增操作。也就是說，在最後一個輸入字元被送進緩衝區之後，我們就不應該再遞增 p 了。此處，我們是透過在迴圈的每次迭代中增加一次額外的測試來做到這點的；另一種可選的方案就是重覆整個迴圈。

```
void bufwrite(char *p, int n) {
    while (--n >= 0) {
        if (bufptr == &buffer[N-1]) {
            *bufptr = *p;
            flushbuffer();
        } else
            *bufptr++ = *p;
        if (n > 0)
            p++;
```

```
    }
}
```

讀者可能注意到了，這裡我們小心翼翼地避免在緩衝區填滿時對 bufptr 進行遞增操作，是為了不會產生非法位址 buffer[N]。

bufwrite 程式的第二個版本改起來就更加棘手了。在進入程式時，我們知道緩衝區中至少還有一個字元的位置尚未填滿，因此一開始我們並不需要清空緩衝區；但是，在程式結束時，我們就有可能需要清空緩衝區了。與對 bufwrite 程式的第一個版本的處理相同，我們在迴圈的最後一次迭代時也必須避免對 p 進行遞增操作：

```
void bufwrite(char *p, int n) {
    while (n > 0) {
        int k, rem;
        rem = N - (bufptr - buffer);
        k = n > rem? rem: n;
        memcpy(bufptr, p, k);
        if (k == rem)
            flushbuffer();
        else
            bufptr += k;
        n -= k;
        if (n)
            p += k;
    }
}
```

我們把 k 與 rem 進行比較，前者是本次迴圈迭代中我們需要複製的字元數，後者是緩衝區中尚未填滿的字元數。這個比較的目的是看在複製操作後緩衝區是否已經填滿，如果緩衝區已滿則需要清空。在對 p 進行遞增操作之前，我們首先檢查 n 是否為 0，以判斷本次迭代是否為迴圈的最後一次迭代。

練習 3-2

比較本書 3.6 節函數 flush 的最後一個版本與以下版本：

```
void flush() {
    int row;
    int k = bufptr - buffer;
    if (k > NROWS)
        k = NROWS;
    for (row = 0; row < k; row++) {
        int *p;
        for (p = buffer + row; p < bufptr; p += NROWS)
            printnum(*p);
        printnl();
    }
    if (k > 0)
        printpage();
}
```

flush 函數的兩個不同版本之間的區別是：上面的 flush 函數在測試 k 是否大於 0 的語句中只包括了對 printpage 函數的呼叫，而第 3 章的 flush 函數在測試語句中還包括了整個 for 迴圈。第 3 章的 flush 函數的版本，用自然語言描述就是這樣的：「如果緩衝區中有需要列印的內容，把它們列印出來，然後開始新的一頁。」此處的 flush 函數的版本，用自然語言描述就是，「不管緩衝區中是否有剩餘的內容，首先列印；如果緩衝區中確有剩餘，則開始新的一頁。」與第 3 章中 flush 函數的版本相比，這個版本中的 k 在 for 迴圈裡的作用就不甚明顯。在第 3 章的版本中，我們可以很容易看出 k 的作用來：當 k 為 0 時，將跳過迴圈。

雖然從技術上說 flush 函數的這兩個版本是等價的，但是它們所表達的程式設計意圖卻有細微差別。最能夠反映程式設計師實際程式設計意圖的版本，就是最好的版本。

練習 3-3

編寫一個函數，對一個已排序的整數表執行二分搜尋。函數的輸入包括一個指向表頭的指標，表中的元素個數，以及待搜尋的數值。函數的輸出是一個指向滿足搜尋要求的元素的指標，當未搜尋到要求的數值時，輸出一個 NULL 指標。

二分搜尋從概念上來說非常簡單，但是程式設計實踐中人們經常不能正確實作。這裡，我們將開發出二分搜尋的兩個版本，它們都用到了不對稱邊界。第一個版本用的是陣列索引，第二個版本用的是指標。

不妨假定待搜尋的元素為 x，如果 x 存在於陣列中的話，那麼我們假定它在陣列中的索引為 k。最開始，我們僅僅知道 0<= k < n 。我們的目標是不斷縮小 k 的取值範圍，直到找到要搜尋的元素，或者能夠判定陣列中不存在這樣的元素。

為了做到這點，我們把 x 與位於可能範圍中間位置的元素進行比較。如果 x 與該元素相等，那我們就大功告成。如果兩者不相等，位於該元素的「錯誤」一側的所有元素，我們就可以不予考慮，進而縮小了我們搜尋的範圍。圖 8-1 顯示了搜尋過程中的情況：

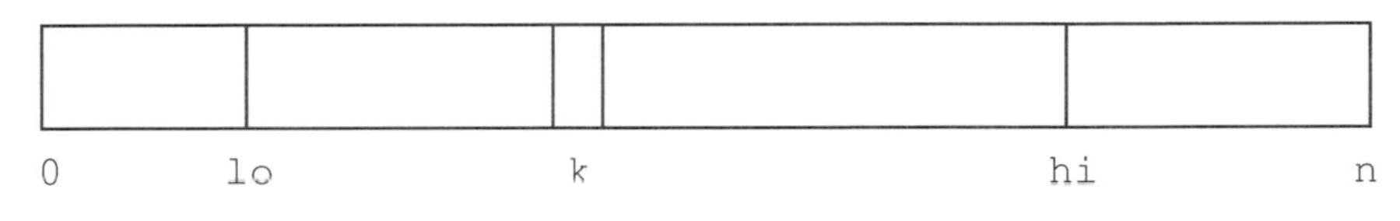

圖 8-1 二分搜尋示意圖

任何時候，我們都假定 lo 和 hi 是不對稱邊界的兩頭。也就是說，我們要求 lo<= k <hi。如果 lo 與 hi 相等，此時可能範圍已經縮為空，我們就能判定 x 不在表中。

如果 lo 小於 hi，那麼可能範圍中至少存在一個元素。我們不妨設置 mid 為可能範圍的中值，然後比較 x 與表中索引為 mid 的元素。如果 x 比該元素小，那麼 mid 就是位於可能範圍以外的最小索引；因此我們可以設置 hi = mid。如果 x 比該元素大，那麼 mid+1 就是位於新的已縮減的可能範圍以內的最小索引；因此，我們可以設置 lo = mid+1。最後，如果 x 與該元素相等，那麼我們就完成了搜尋。

我們是否可以設置 mid = (hi + lo)/2，這樣設置會帶來什麼問題嗎？如果 hi 與 lo 相隔較遠，這樣做顯然不會有什麼問題。但是，如果 hi 與 lo 隔得很近又是怎樣的情況呢？

hi 等於 lo 的情況根本用不著考慮。因為此時我們已經知道 x 的可能範圍為空，我們甚至不需要設置 mid。當 hi = lo + 2 時，這也不是問題：hi + lo 等於 2×lo + 2，這是一個偶數，因此 (hi + lo)/2 等於 lo + 1。當 hi = lo + 1 時，情況又如何呢？在這種情況下，可能範圍中的唯一元素就是 lo，因此如果 (hi + lo)/2 等於 lo，這個結果才是我們可接受的。

幸運的是，由於 hi + lo 恒為正數，(hi + lo)/2 會得到我們希望的結果 lo。因為在這種情況下，整數除法肯定將會被截斷處理。因此，(hi + lo)/2 等價於 ((lo + 1)+lo)/2，亦即 (2×lo+1)/2，這個式子的結果就是 lo。

根據上面的討論，這個程式大致如下：

```
int * bsearch(int *t, int n, int x) {
    int lo = 0, hi = n;
    while (lo < hi) {
        int mid = (hi + lo) / 2;
        if (x < t[mid])
            hi = mid;
        else if (x > t[mid])
            lo = mid + 1;
        else
            return  t + mid;
    }
    return NULL;
}
```

值得注意的是，下面求值表達式：

```
int mid = (hi + lo) / 2;
```

中的除法運算可以用移位運算代替：

```
int mid = (hi + lo) >> 1;
```

這樣做確實會提高程式的執行速度。現在還是讓我們首先去掉一些尋址運算吧，在很多機器上索引運算都要比指標運算慢。我們可以把 t+mid 的值儲存在一個局部變數中，這樣就不需要每次都重新計算，進而可以稍微減少一些尋址運算：

```
int * bsearch(int *t, int n, int x) {
    int lo = 0, hi = n;
    while (lo < hi) {
        int mid = (hi + lo) / 2;
        int *p = t + mid;
        if (x < *p)
            hi = mid;
        else if (x > *p)
            lo = mid + 1;
        else
            return  p;
    }
    return NULL;
}
```

又假定我們希望進一步減少尋址運算，這可以透過在整個程式中用指標代替索引來做到。乍看我們似乎只要按部就班，把程式中凡是用到索引的地方，統統改用指標的形式重寫一遍即可：

```
int * bsearch(int *t, int n, int x) {
    int *lo = t, *hi = t + n;
    while (lo < hi) {
        int *mid = (hi + lo) / 2;
        if (x < *mid)
            hi = mid;
        else if (x > *mid)
            lo = mid + 1;
        else
            return  mid;
    }
    return NULL;
}
```

實際上，這個程式是「功敗垂成」，還差一點就可以工作了。問題出在下面的語句：

```
mid = (lo + hi) / 2;
```

這個語句是非法的，因為它試圖把兩個指標相加。正確的做法是，首先計算出 lo 與 hi 之間的距離（這可以由指標減法得到，並且結果是一個整數），然後把這個距離的一半（也仍然是整數）與 lo 相加：

```
mid = lo + (hi - lo) / 2;
```

上面的 hi - lo 計算出結果之後，還要對它作除法運算。雖然大多數 C 編譯器都足夠「智慧」，會自動地把這類除法運算實作為移位運算以最佳化程式性能，但對於我們這裡的除 2 運算，這些編譯器還不夠智慧，不會把它實作為移位運算。因為編譯器所知道的只是 hi - lo 可能為負，而對負數來說，除 2 運算和移位運算會得到不同的結果。因此，我們確實應該自己手動把它寫成移位運算的形式：

```
mid = lo + (hi - lo) >> 1;
```

很不幸，這樣寫還是不對。一定要記住移位運算子的優先級低於算術運算子的優先級！因此，我們必須寫成：

```
mid = lo + ((hi - lo) >> 1);
```

最後，完整的程式如下：

```
int * bsearch(int *t, int n, int x) {
    int *lo = t, *hi = t + n;
    while (lo < hi) {
        int *mid = lo + ((hi - lo) >> 1);
        if (x < *mid)
            hi = mid;
        else if (x > *mid)
            lo = mid + 1;
        else
            return  mid;
    }
    return NULL;
}
```

順便說一下，二分搜尋經常用對稱邊界來表達。因為採用了對稱邊界後，最後得到的程式看上去要整齊許多：

```
int * bsearch(int *t, int n, int x) {
    int lo = 0, hi = n - 1;
    while (lo <= hi) {
        int mid = (hi + lo) / 2;
        if (x < t[mid])
            hi = mid - 1;
        else if (x > t[mid])
            lo = mid + 1;
        else
            return  t + mid;
    }
    return NULL;
}
```

然而，如果我們試圖把上面的程式改寫成「純指標」的形式，就會遇到麻煩。問題在於，我們不能把 hi 初始化為 t + n - 1。因為當 n 為 0 時，這是個無效位址！因此，如果我們還想把程式改寫成指標形式，就必須對 n=0 的情形單獨測試。這從另一個角度又一次說明了為什麼應該採用不對稱邊界。

練習 4-1

假定一個程式在一個原始檔案中包含了宣告：

```
long foo;
```

而在另一個原始檔案中包含了：

```
extern short foo;
```

又進一步假定，如果給 long 類型的 foo 賦一個較小的值，例如 37，那麼 short 類型的 foo 就同時獲得了一個值 37。我們能夠對執行該程式的硬體作出什麼樣的推斷？如果 short 類型的 foo 得到的值不是 37 而是 0，我們又能夠作出什麼樣的推斷？

如果把值 37 賦給 long 型的 foo，相當於同時把值 37 也賦給了 short 型的 foo，那麼這意謂著 short 型的 foo，與 long 型的 foo 中包含了值 37 的有效位的部分，兩者在記憶體中佔用的是同一區域。這有可能是因為 long 型和 short 型被實作為同一類型，但很少有 C 語言實作會這樣做。更有可能的是，long 型的 foo 的低位部分與 short 型的 foo 共享了相同的記憶體空間，一般情況下，這個部分所處的記憶體位址較低；因此我們的一個可能推論就是，執行該程式的硬體是一個低位優先（little-endian）的機器。同樣道理，如果在 long 型的 foo 中儲存了值 37，而 short 型的 foo 的值卻是 0，我們所用的硬體可能是一個高位優先（big-endian）的機器。

譯注 Endian 的意思是「資料在記憶體中的位元組排列順序」，表示一個字在記憶體中或傳送過程中的位元組順序。在微處理器中，像 long/DWORD (32 bits) 0x12345678 這樣的資料總是按照高位優先 (BIG ENDIAN) 方式存放的。但在記憶體中，資料存放順序則因微處理器廠商的不同而不同。一種順序稱為 big-endian，即把最高位位元組放在最前面；另一種順序就稱為 little-endian，即把最低位位元組放在最前面。

BIG ENDIAN：最低位址存放高位位元組，可稱為高位優先。記憶體從最低位址開始，按順序存放。BIG ENDIAN 存放方式正是我們的書寫方式，高數位數字先寫(例如，總是按照千、百、十、個位來書寫數字)。而且所有的處理器都是按照這個順序存放資料的。

LITTLE ENDIAN：最低位址存放低位位元組，可稱為低位優先。記憶體從最低位址開始，順序存放。LITTLE ENDIAN 處理器是透過硬體將記憶體中的 LITTLE ENDIAN 排列順序轉換到暫存器的 BIG ENDIAN 排列順序的，沒有資料加載 / 儲存的開銷，不用擔心。

練習 4-2

本章第 4 節中討論的錯誤程式，經過適當簡化後如以下所示：

```
#include <stdio.h>
main() {
    printf("%g\n", sqrt(2));
}
```

在某些系統中，列印出的結果是：

```
%g
```

請問這是為什麼？

在某些 C 語言實作中，存在著兩種不同版本的 printf 函數：其中一種實作了用於表示浮點格式的項目，如 %e、%f、%g 等；而另一種卻沒有實作這些浮點格式。函數庫檔案中同時提供了 printf 函數的兩種版本，這樣的話，那些沒有用到浮點運算的程式，就可以使用不提供浮點格式支援的版本，進而節省程式空間、減少程式大小。

在某些系統上，程式設計者必須顯式地通知連結器是否用到了浮點運算。而另一些系統，則是透過編譯器來告知連結器，在程式中是否出現了浮點運算，以自動地作出決定。

上面的程式沒有進行任何浮點運算！它既沒有包含 math.h 標頭檔，也沒有宣告 sqrt 函數，因此編譯器無從得知 sqrt 是一個浮點函數。這個程式甚至都沒有傳送一個浮點參數給 sqrt 函數。所以，編譯器「自認合理」地通知連結器，該程式沒有進行浮點運算。

那 sqrt 函數又怎麼解釋呢？難道 sqrt 函數是從函數庫檔案中取出的這個事實，還不足以證明該程式用到了浮點運算？當然，sqrt 函數是從函數庫檔案中取出的這點沒錯；但是，連結器可能在從函數庫檔案中取出 sqrt 函數之前，就已經作出了使用何種版本的 printf 函數的決定。

練習 5-1

當一個程式異常終止時，程式輸出的最後幾行常常會丟失，原因是什麼？我們能夠採取怎樣的措施來解決這個問題？

一個異常終止的程式可能沒有機會來清空其輸出緩衝區。因此，該程式產生的輸出可能位於記憶體的某個位置，但卻永遠不會被寫出了。在某些系統上，這些無法被寫出的輸出資料可能長達好幾頁。

對於試圖除錯這類程式的程式設計者來說，這種丟失輸出的情況經常會誤導他們，因為它會造成這樣一種印象，程式發生失敗的時刻比實際上執行失敗的真正時刻要早得多。解決方案就是在除錯時強制不允許對輸出進行緩衝。要做到這點，不同的系統有不同的做法，這些做法雖然存在細微差別，但大致如下：

```
setbuf(stdout, (char *)0);
```

這個語句必須在任何輸出被寫入到 stdout（包括任何對 printf 函數的呼叫）之前執行。該語句最恰當的位置就是作為 main 函數的第一個語句。

練習 5-2

下面程式的作用是把它的輸入複製到輸出：

```
#include <stdio.h>
main() {
    register int c;
    while ((c = getchar()) != EOF)
        putchar(c);
}
```

從這個程式中移除 #include 語句，將導致程式不能通過編譯，因為這時 EOF 是未定義的。假定我們手動定義了 EOF（當然，這是一種不好的做法）：

```
#define EOF -1
main() {
    register int c;
    while ((c = getchar()) != EOF)
        putchar(c);
}
```

這個程式在許多系統中仍然能夠執行，但是在某些系統執行起來卻慢得多。這是為什麼？

函數呼叫需要花費較長的程式執行時間，因此 getchar 經常被實作為巨集。這個巨集在 stdio.h 標頭檔中定義，因此如果一個程式沒有包含 stdio.h 標頭檔，編譯器對 getchar 的定義就一無所知。在這種情況下，編譯器會假定 getchar 是一個返回類型為整數型的函數。

實際上，很多 C 語言實作在函數庫檔案中都包括有 getchar 函數，原因部分是預防程式設計者粗心大意，部分是為了方便那些需要得到 getchar 位址的程式設計者。因此，程式中忘記包含 stdio.h 標頭檔的效果就是，在所有 getchar 巨集出現的地方，都用 getchar 函數呼叫來替換 getchar 巨集。這個程式之所以執行變慢，就是因為函數呼叫所導致的開銷增多。同樣的依據也完全適用於 putchar。

練習 6-1

請使用巨集來實作 max 的一個版本，其中 max 的參數都是整數，要求在巨集 max 的定義中這些整數型參數只被求值一次。

max 巨集的每個參數的值都有可能使用兩次：一次是在兩個參數作比較時；一次是在把它作為結果返回時。因此，我們有必要把每個參數儲存在一個臨時變數中。

遺憾的是，我們沒有直接的辦法可以在一個 C 表達式的內部宣告一個臨時變數。因此，如果我們要在一個表達式中使用 max 巨集，那麼我們就必須在其他地方宣告這些臨時變數，例如說可以在巨集定義之後，但不是將這些變數作為巨集定義的一部分進行宣告。如果 max 巨集用於不止一個程式檔案，我們應該把這些臨時變數宣告為 static，以避免命名衝突。不妨假定，這些定義將出現在某個標頭檔中：

```
static int max_temp1, max_temp2;
#define max(p, q) (max_temp1=(p),max_temp2=(q), \
        max_temp1>max_temp2? max_temp1:max_temp2)
```

只要對 max 巨集不是巢狀呼叫，上面的定義都能正常工作；在 max 巨集巢狀呼叫的情況下，我們不可能做到讓它正常工作。

練習 6-2

本章第 1 節中提到的「表達式」

```
(x) ((x)-1)
```

能否成為一個合法的 C 表達式？

一種可能是，如果 x 是類型名稱，例如 x 被這樣定義：

```
typedef int x;
```

在這種情況下，

```
(x) ((x)-1)
```

等價於

```
(int) ((int)-1)
```

這個式子的涵義是把常數 -1 轉換為 int 一類型兩次。我們也可以透過預處理指令來定義 x 為一種類型，以達到同樣的效果：

```
#define x int
```

另一種可能是當 x 為函數指標時。回憶一下，如果某個上下文中本應需要函數而實際上卻用了函數指標，那麼該指標所指向的函數將會自動地被取得並替換這個函數指標。因此，本題中的表達式可以被解釋為呼叫 x 所指向的函數，這個函數的參數是 (x)-1。為了確保 (x)-1 是一個合法的表達式，x 必須實際地指向一個函數指標陣列中的某個元素。

x 的完整類型是什麼呢？為了討論問題方便起見，我們假定 x 的類型是 T，因此可以如此宣告 x：

```
T x;
```

顯而易見，x 必須是一個指標，所指向的函數的參數類型是 T。這點讓 T 比較難以定義。下面是最容易想到的辦法，但卻沒有用：

```
typedef void (*T)(T);
```

因為只有當 T 已經被宣告之後，才能這樣定義 T！不過，x 所指向的函數的參數類型並不一定要是 T，而可以是任何 T 可以被轉換成的類型。具體來說，void * 類型就完全可以：

```
typedef void (*T)(void *);
```

這個練習的用意在於說明，對於那些看上去無從著手、形式「怪異」的結構，我們不應該輕率地一律將其作為錯誤來處理。

練習 7-1

本章第 3 節中說，如果一個機器的字元長度為 8 位元，那麼其整數長度很可能是 16 位元或 32 位元。請問原因是什麼？

某些電腦為每個字元分配一個唯一的記憶體位址，而另一些機器卻是按字來對記憶體尋址。按字尋址的機器通常都存在不能有效處理字元資料的問題，因為要從記憶體中取得一個字元，就必須讀取整個字的內容，然後把不需要用到的部分都丟棄。

由於按字元尋址的機型在字元處理方面的效率優勢，它們相對於按字尋址的機型，近年來要更為流行。然而，即使對於按字元尋址的機器，字的概念在進行整數運算的時候也仍然是重要的。因為字元在記憶體中的儲存位置是連續的，所以一個字中包含的字元數，將決定在記憶體中連續存放的字的位址。

如果一個字中包含的字元數是 2 的某次方，因為乘以 2 的某次方的運算可以轉換為移位運算，所以電腦硬體就能很容易地完成從字元位址到字位址的轉換。因此，我們可以合理地預期，字的長度是字元長度的 2 的某次方。

那麼整數的長度為什麼不是 64 位元呢？當然，某些時候這樣做無疑是有用的。但是，對於那些支援浮點運算的硬體的機器，這樣做的意義就不大了；而且考慮到我們並不經常需要用到 64 位元整數這樣的精度，實作 64 位元整數的代價就過於昂貴。如果只是偶爾用到，我們完全可以用軟體來仿真 64 位元（或者更長）的整數，而且絲毫不影響效率。

練習 7-2

函數 atol 的作用是，接受一個指向以 null 結尾的字串的指標作為參數，返回一個對應的 long 型整數值。假定：

- **作為輸入參數的指標，指向的字串總是代表一個合法的 long 型整數值，因此 atol 函數無須檢查該輸入是否越界。**
- **唯一合法的輸入字元是數字和正負號。輸入字串在遇到第一個非法字元時結束。**

請寫出 atol 函數的一個可移植版本。

我們不妨假定在機器的排序序列中，數字是連續排列的：任何一種現代電腦都是這樣實作的，而且 ANSI C 標準中也是這樣要求的。因此，我們面臨的主要問題就是避免中間結果發生溢出，即使最終的結果在取值範圍之內也是如此。

正如 printnum 函數中的情形，如果 long 型負數的最小可能取值與正數的最大可能取值並不相匹配，問題就變得棘手了。尤其是如果我們先把一個值作為正數處理，然後再使它為負，對於負數的最大可能取值的情況，在很多機器上都會發生溢出。

下面這個版本的 atol 函數，只使用負數（和零）來得到函數的結果，進而避免了溢出：

```
long atol(char *s) {
    long r = 0;
    int neg = 0;
    switch(*s) {
    case '-':
        neg = 1;
        /* 此處沒有 break 語句 */
    case '+':
```

```
        s++;
        break;
    }
    while (*s >= '0' && *s <= '9') {
        int n = *s++ - '0';
        if (neg)
            n = -n;
            r = r * 10 + n;
    }
    return r;
}
```

PRINTF，VARARGS 與 STDARG

本附錄說明了 C 語言中經常被誤解的 3 個常見工具：printf 庫函數族、varargs 和 stdarg 工具。後兩者主要用於編寫那些隨呼叫場合的不同，其參數的數量和類型也不同的函數。筆者經常見到某些程式還在使用 printf 函數中多年前就已基本廢棄不用的特性，也見到另一些程式，明明要完成的任務利用 varargs 和 stdarg 可以做得乾淨俐落、漂漂亮亮，但它們卻使用了各種千奇百怪的雜湊招式，而且這些天知道怎麼想出來的辦法並不具有一般性，因此難於移植。

A.1 | printf 函數族

下面的程式與我們在第 0 章中提供的第 1 個 C 語言程式非常類似：

```
#include <stdio.h>
main() {
    printf("Hello world\n");
}
```

這個程式的輸出是：

```
Hello world
```

後面跟一個換行字元（\n）。

printf 函數的第 1 個參數是關於輸出格式的說明，它是一個描述了輸出格式的字串。這個字串遵循通常的 C 語言慣例，以空字元（即 \0）結尾。我們把這個字串寫成字串常數的形式（亦即用雙引號括起來），就能夠自動保證它以空字元結尾。

printf 函數把格式說明字串中的字元逐一複製到標準輸出，直到格式字串結束或者遇到一個 % 字元。這時，printf 函數並不列印出 % 字元，而是查看緊跟 % 字元之後的若干字元，以獲得有關如何轉換其下一個參數的指示。轉換後的參數將替換 % 字元以及其後若干字元的位置，由 printf 函數列印到標準輸出。因為上例中 printf 函數的格式字串並沒有包含 % 字元，因此所輸出的就是格式字串本身。格式字串，以及與之對應的參數，決定了輸出中的每個字元（也包括作為每行結束標誌的換行字元）。

與 printf 函數同族的還有兩個函數，fprintf 和 sprintf。printf 函數是把資料寫到標準輸出，而 fprintf 函數則可以把資料寫到任何檔案中。需要寫入的特定檔案，將作為 fprintf 函數的第 1 個參數，它必須是一個檔案指標。因此，

```
printf(stuff);
```

從意義上來說就等效於

```
fprintf(stdout, stuff);
```

當輸出資料不是被寫入一個檔案時，我們可以使用 sprintf 函數。sprintf 函數的第 1 個參數是一個指向字元陣列的指標，sprintf 函數將把其輸出資料寫到這個字元陣列中。程式設計人員應該確保這個陣列足夠大以容納 sprintf 函數所產生的輸出資料。sprintf 函數其餘的參數與 printf 函數的參數相同。sprintf 函數產生的輸出資料總是以空字元收尾；如果希望在輸出資料中出現一個空字元，我們可以顯式地使用 %c 格式說明把它列印出來。

這三個函數的返回值都是已傳送的字元數。對於 sprintf 的情形，作為輸出資料結束標誌的空字元並不計入整體字元數。如果 printf 或 fprintf 在試圖寫入時出

現一個 I/O 錯誤，將返回一個負值。在這種情況下，我們就無從得知究竟有多少字元已經被寫出。因為 sprintf 函數並不進行 I/O 操作，因此它不會返回負值。當然，也不排除有的 C 語言實作會因為某種原因，而令 sprintf 函數返回一個負值。

因為格式字串決定了其餘參數的類型，而且可以到執行時才建立格式字串，所以 C 語言實作要檢查 printf 函數的參數類型是否正確是異常困難的。如果我們像下面這樣寫：

```
printf("%d\n", 0.1);
```

或者

```
printf("%g\n", 2)；
```

最後得到的結果可能毫無意義，而且在程式實際執行之前，這些錯誤極有可能不會被編譯器檢測到，而成為「漏網之魚」。

大多數 C 語言實作都無法檢測出下面的錯誤：

```
fprintf("error\n");
```

上例中，程式設計師的本意是使用 fprintf 函數輸出一行出錯提示資訊到 stderr，但是卻一時大意忘記寫 stderr；由於 fprintf 函數會把格式字串當作一個檔案結構來處理，這種情況下就很可能出現核心傾印的後果！

簡單格式類型

格式字串中的每個格式項目，都由一個 % 符號為始，後面接一個稱為格式碼的字元，格式碼指明了格式轉換的類型。格式碼不一定要緊跟在 % 符號之後，它們中間可能夾一些可選的字元，這些可選字元以各種方式修改轉換，我們將在後面詳細討論這些方式。每個格式項目都是以格式碼結束。

最常用的格式項目肯定是 %d，這個格式項目的涵義是以 10 進制形式列印一個整數。例如，

```
printf("2 + 2 = %d\n", 2 + 2);
```

將列印出：

```
2 + 2 = 4
```

後面則跟著一個換行字元（下面的例子將對輸出中的換行字元不再贅述）。

%d 格式項目請求列印一個整數，因此後面必須有一個相應的整數型參數。當格式字串被複製到輸出檔案時，其中的 %d 格式項目將被對應的待輸出整數的 10 進制值替換，替換時不會在整數值的前後添加空格字元。如果該整數是負值，輸出值的第一個字元就是 '-' 符號。

%u 格式項目與 %d 格式項目類似，只不過是要求列印無符號的 10 進制整數。因此，下例中：

```
printf("%u\n", -37);
```

將列印出：

```
4294967259
```

前提是所在機型上整數是 32 位元。

回憶一下，我們在前面章節中提到過，char 型和 short 型的參數會被自動擴展為 int 型。在把 char 類型的值視為有符號整數的機型上，這點經常會導致令人吃驚的後果。例如，在這樣的機型上，

```
char c;
c = -37;
printf("%u\n", c);
```

將列印出：

```
4294967259
```

因為此時字元型的 -37 被轉換成了整數型的 -37。要避免這個問題，我們應該把 %u 格式項目僅用於無符號整數。

%o、%x 和 %X 格式項目用於列印 8 進制或 16 進制的整數。%o 格式項目請求輸出 8 進制整數，而 %x 和 %X 則請求輸出 16 進制整數。%x 和 %X 格式項目的唯一區別就是：%x 格式項目中用小寫字母 a、b、c、d、e 和 f 來表示 10 到 15 的數值，而 %X 格式項目中是用大寫字母 A、B、C、D、E 和 F 來表示。8 進制和 16 進制整數總是作為無符號數處理。

我們來看一個例子：

```
int n = 108;
printf("%d decimal = %o octal = %x hex\n", n, n, n);
```

將列印出：

```
108 decimal = 154 octal = 6c hex
```

如果上例中用 %X 代替了 %x，那麼輸出將變成：

```
108 decimal = 154 octal = 6C hex
```

%s 格式項目用於列印字串：與之對應的參數應該是一個字元指標，待輸出的字元始於該指標所指向的位址，直到出現一個空字元（'\0'）才終止。下面是 %s 格式項目的一種可能用法：

```
printf("There %s %d item%s in the list.\n",
        n!=1? "are": "is", n, n!=1? "s": "");
```

上例的第 1 個 %s 格式項目，將被 is 或者 are 替換；第 2 個 %s 格式項目，將被 s 或者空字串替換。因此，如果 n 是 37，輸出將是：

```
There are 37 items in the list.
```

但是如果 n 是 1，輸出將是：

```
There is 1 item in the list.
```

%s 格式項目所對應輸出的字串必須以一個空字元（'\0'）作為結束標誌（唯一的例外情況將在後面討論）。因為 printf 函數要以此來定位一個字串何時結束，除此之外別無他法。如果與 %s 對應的字串並不是以空字元（'\0'）作為結束標誌，那麼 printf 函數將不斷列印出其後的字元，直到在記憶體中某處找到一個空字元（'\0'）。這種情況下，最終的輸出可能相當地長！

因為 %s 格式項目將列印出對應參數中的每個字元，所以

```
printf(s);
```

與

```
printf("%s", s);
```

兩者的涵義並不相同。第 1 個例子將把字串 s 中的任何 % 字元，視為一個格式項目的標誌，因此其後的字元會被視為格式碼。如果除 %% 之外的任何格式碼在字串 s 中出現，而後面又沒有對應的參數，將會帶來麻煩。而第 2 個例子，將會列印出任何以空字元結尾的字串。

因為一個 NULL 指標並不指向任何實際的記憶體位置，它肯定也不可能指向一個字串。因此，

```
printf("%s\n", NULL);
```

的結果將難以預料。本書 3.5 節對這種情況作了詳細討論。

%c 格式項目用於列印單一字元：

```
printf("%c", c);
```

就等效於

```
putchar(c);
```

但是前者的適應性和靈活性更好，能夠把字元 c 的值嵌入某個更大的上下文中。與 %c 格式項目對應的參數，是一個為了列印輸出而被轉換為字元型的整數型值。例如：

```
printf("The decimal equivalent of '%c' is %d\n",
        '*', '*');
```

將列印出：

```
The decimal equivalent of '*' is 42
```

%g、%f 和 %e 這 3 個格式項目用於列印浮點值。%g 格式項目用於列印那些不需要垂直對齊的浮點數特別有用。它在列印出對應的數值（必須為浮點型或雙精度類型）時，會去掉該數值尾綴的零，保留六位有效數字。因此，在我們包含了 math.h 標頭檔之後，

```
printf("Pi = %g\n", 4 * atan(1.0));
```

將列印出：

```
Pi = 3.14159
```

而

```
printf("%g %g %g %g %g\n",
1/1.0, 1/2.0, 1/3.0, 1/4.0, 0.0);
```

將列印出：

```
1 0.5 0.333333 0.25 0
```

注意，因為在一個數字之中，前面的零對於數值精度沒有貢獻，所以在 0.333333 中會有 6 個 3。輸出的數值被四捨五入，而不是直接截斷：

```
printf("%g\n", 2.0 / 3.0);
```

將列印出：

```
0.666667
```

如果一個數的絕對值大於 999999，按 %g 的格式列印出這個數就會面臨一個兩難抉擇：要嘛需要列印出超過 6 位的有效數字，要嘛列印出的是一個不正確的值。%g 格式項目解決這個難題的方式是，採用科學計數法來列印這樣的數值：

```
printf("%g\n", 123456789.0);
```

將列印出：

```
1.23457e+08
```

可以看到這個數在用科學計數法來表示時，被四捨五入到 6 位有效數字。

當一個數的絕對值很小時，要表示這個數所需要的字元數量，就會多到讓人難以接受。舉例而言，如果我們把 π×10-10 寫作 0.000000000314159 就顯得非常醜陋不堪；反之，如果我們寫作 3.14159e-10，就不但簡潔而且易讀好懂。當指數是 -4 時，這兩種表現形式的長度就恰好相等。例如，0.000314159 與 3.14159e-04 所佔用的空間大小相同。對於比較小的數值，除非該數的指數小於或等於 -5，%g 格式項目才會採用科學計數法來表示。因此，

```
printf("%g %g %g\n", 3.14159e-3, 3.14159e-4, 3.14159e-5);
```

將列印出：

```
0.00314159 0.000314159 3.14159e-05
```

%e 格式項目用於列印浮點數時，要求一律顯式地使用指數形式：π 在使用 %e 格式項目時將被寫成 3.141593e+00。%e 格式項目將列印出小數點後 6 位有效數字，而並非如 %g 格式項目列印出的數是總共 6 位有效數字。

%f 格式項目則恰好相反，強制禁止使用指數形式來表示浮點數，因此 π 就被寫成 3.141593。在數值精度方面，%f 格式項目的要求與 %e 格式項目相同，即小數點後 6 位有效數字。因此，一個非常小的數值即使不是 0，看上去也會與 0 差不多；而一個很大的數值，看上去就會是一大堆數字：

```
printf("%f\n", 1e38);
```

將列印出：

```
100000000000000000000000000000000000000.000000
```

這個例子中列印出的數值位數，超過了大多數硬體能夠表示的精度範圍，因此對於不同的機型最終的結果也隨之不同。

%E 和 %G 格式項目與它們所對應的 %e 和 %g 基本上作用是相同的，除了用大寫的 E 代替小寫的 e 來表示指數形式。

%% 格式項目用於列印出一個 % 字元。這個格式項目的獨特之處，在於它不需要一個對應的參數。因此，下面的語句

```
printf("%%d prints a decimal value\n");
```

將列印出：

```
%d prints a decimal value
```

修飾子

printf 函數也接受輔助字元來修飾一個格式項目的涵義。這些輔助字元出現在 % 符號和後面的格式碼之間。

整數有 3 種不同類型，對應 3 種不同長度：short，long 和正常長度。如果一個 short 整數作為任何一個函數（也包括 printf 函數）的參數出現，它會被自動地擴展為一個正常長度的整數。但是，我們仍然需要一種方式，來通知 printf 函數某個參數是 long 型整數。我們可以在格式碼之前，緊接插入一個長度修飾子 l，創造出 %ld、%lo、%lx 和 %lu 作為新的格式碼。這些前面加了修飾子的格式碼與不加修飾子的格式碼在行為方式上完全相同，只是它們要求 long 型整數作為其對應參數。即使在小部分不直接支援 long unsigned 類型數值的 C 語言實作上，%lu 格式項目仍然會把 long 型整數當作 long 型無符號整數列印出來。l 修飾子只對用於整數的格式碼有意義。

許多 C 語言實作以同樣的精度，儲存 int 型和 long 型的數值。在這種機型上，如果忘記使用 l 修飾子將不會被檢測到；只有當程式被移植到另一種 int 型和 long 型有真正區別的機型上時，錯誤才會暴露出來。因此，例如：

```
long size;
. . .
printf("%d\n", size);
```

在某些機型上能夠工作，而在另一些機型上卻無法工作。

利用寬度修飾子，我們可以輕鬆做到在固定長度的空間內列印數值。寬度修飾子出現在 % 符號和格式碼的中間，其作用是指定它所修飾的格式項目所應列印的字元數。如果待列印的數值不能填滿位置，那麼它的左側就會被補上空格字元，以使這個數值的寬度滿足要求。如果待列印的數值太大而超過了給定的空間寬度，輸出空間就會適當地調整以容納該數值。寬度修飾子絕對不會截斷一個輸出空間。當我們使用寬度修飾子來垂直對齊一組數字時，如果一個數值太大而不能被它所在的欄位所容納，那麼它就會擠佔同一行右側緊鄰數值的位置。

下面這段程式碼：

```
int i;
for (i = 0; i <= 10; i++)
    printf("%2d %2d *\n", i , i*i);
```

將產生以下輸出：

```
 0  0 *
 1  1 *
 2  4 *
 3  9 *
 4 16 *
 5 25 *
 6 36 *
 7 49 *
 8 64 *
 9 81 *
10 100 *
```

上例中的 *，作用是標記一行的結束。數值 100 需要 3 個字元才能完整顯示，而寬度修飾子指定的卻是 2 個字元的空間寬度，因此它所在的空間將會被自動擴展，而同一行後面的部分將依次右移。

寬度修飾子對所有的格式碼都有效，甚至 %% 也不例外。因此，例如：

```
printf("%8%\n");
```

將在一個寬度為 8 個字元的空間中，以向右對齊的方式列印出一個 % 符號。換言之，就是先列印出 7 個空格字元，然後緊接著列印一個 % 符號。

精度修飾子的作用是控制一個數值，在顯示時會出現的數字位數，或者用於限制字串應該出現的字元數量。精度修飾子包括一個小數點，和小數點後面的一串數字。精度修飾子出現在 % 符號和寬度修飾子之後，格式碼與長度修飾子之前。精度修飾子的確切涵義與格式碼有關：

- 對於整數格式項目 %d、%o、%x 和 %u，精度修飾子指定了列印數字的最少位數。如果待列印的數值並不需要這麼多位數的數字來表示，就會在它的前面補上 0。因此，

```
printf("%.2d/%.2d/%.4d\n", 7, 14, 1789);
```

將列印出：

```
07/14/1789
```

▶ 對於 %e、%E 和 %f 格式項目，精度修飾子指定了小數點後應該出現的數字位數。除非 flag（我們馬上將討論到）另有說明，僅當精度大於 0 時列印的數值中才會實際出現小數點。因此，當我們包含了 math.h 標頭檔之後：

```
double pi;
pi = 4 * atan(1.0);
printf("%.0f %.1f %.2f %.3f %.6f %.10f\n",
        pi, pi, pi, pi, pi, pi);
printf("%.0e %.1e %.2e %.10e\n",
        pi, pi, pi, pi, pi, pi);
```

將列印出：

```
3 3.1 3.14 3.142 3.141593 3.1415926536
3e+00 3.1e+00 3.14e+00 3.1415926536e+00
```

▶ 對於 %g 和 %G 格式項目，精度修飾子指定了列印數值中的有效數字位數。除非 flag 另有說明，非有效數字的 0 將被去掉，如果小數點後不跟數字則小數點也將被刪除。

```
printf("%.1g %.2g %.4g %.8g\n",
        10/3.0, 10/3.0, 10/3.0, 10/3.0);
```

將產生以下輸出：

```
3 3.3 3.333 3.3333333
```

▶ 對於 %s 格式項目，精度修飾子指定了將要從相應的字串中列印的字元數。如果該字串中包含的字元數，少於精度修飾子所指定的字元數，輸出的字元數就會少於精度修飾子指定的數量。如果需要，我們可以透過空間寬度修飾子來加長輸出。

在某些系統中，檔案名稱組件被儲存於一個包含有 14 個字元元素的陣列中。如果組件名稱少於 14 個字元，那麼陣列的剩餘部分將被空字元填滿；但是，如果組件名稱恰好為 14 個字元，陣列將被完全佔用，沒有一個空字元來作為結束標誌。要列印這樣的檔案名稱，應該如以下所示：

```
char name[14];
. . .
printf("... %.14s ...", ..., name, ...);
```

這樣做就確保了無論檔案名稱有多長，它總能夠被正確地列印輸出。使用 %14.14s 格式項目，將確保列印出 14 個字元，而不管檔案名稱的長度究竟如何（如果有必要，將在檔案名稱的左側填補空白字元以達到 14 個字元；至於如何在右側填補，我們馬上將要講到）。

- 對於 %c 和 %% 格式項目，精度修飾子將被忽略。

Flag

我們可以在 % 符號和空間寬度修飾子之間插入 Flag 字元，以達到微調格式項目的效果。Flag 字元以及它們的涵義如下：

- 在顯示寬度大於被顯示位數時，資料尾部都以顯示區的右端對齊，左端則被填滿空白字元。Flag 字元 -（減號）的作用是，要求顯示方式改為左端對齊，在右端填滿空白字元。因此，僅當空間寬度修飾子存在時，Flag 字元 - 才有意義（否則，填滿空白字元就無法進行）。

要在固定欄內列印字串，一般來說，左端對齊的形式看上去要美觀整齊一點。因此，類似於 %14s 這樣的格式項目可能並不正確，而應該寫作 %-14s。前面的例子如果稍作變動，得到的結果會更賞心悅目一些：

```
char name[14];
. . .
printf("... %-14s ...", ..., name, ...);
```

▶ Flag 字元 +（加號）的作用是，規定每個待列印的數值，在輸出時都應該以它的符號（正號或負號）作為第一個字元。因此，非負數列印出來，應該在最前面有一個正號。Flag 字元 + 與 Flag 字元 - 之間不存在任何聯繫。

```
printf("%+d %+d %+d\n", -5, 0, 5);
```

將產生以下輸出：

```
-5 +0 +5
```

▶ 空白字元作為 Flag 字元時，它的涵義是：如果某數是一個非負數，就在它的前面插入一個空白字元。如果我們希望讓固定欄內的數值向左對齊，而又不想用 Flag 字元 +，這點就特別有用。如果 Flag 字元 + 與空白字元同時出現在一個格式項目中，最終的效果以 Flag 字元 + 為準。例如：

```
int i;
for (i = -3; i <= 3; i++)
    printf("% d\n", i);
```

將列印出：

```
-3
-2
-1
 0
 1
 2
 3
```

如果我們希望在固定欄位內按照科學計數法列印數值，格式項目 % e 和 %+e 要比正常的格式項目 %e 有用得多。因為，這時出現在非負數前面的正號（或者空白）確保了所有輸出數值的小數點都會對齊。例如：

```
double x;
for (x = -3; x <= 3; x++)
    printf("% e  %+e  %e\n", x, x, x);
```

將列印出：

```
-3.000000e+000  -3.000000e+000  -3.000000e+000
-2.000000e+000  -2.000000e+000  -2.000000e+000
-1.000000e+000  -1.000000e+000  -1.000000e+000
 0.000000e+000  +0.000000e+000  0.000000e+000
 1.000000e+000  +1.000000e+000  1.000000e+000
 2.000000e+000  +2.000000e+000  2.000000e+000
 3.000000e+000  +3.000000e+000  3.000000e+000
```

我們注意到，按 %e 格式項目列印出來的最後一列數值的小數點並沒有正確對齊，而按另外兩個格式項目列印出來的前兩列數值的小數點就對齊了。

- flag 字元 # 的作用是對數值輸出的格式進行微調，具體的方式與特定格式項目有關。給 %o 格式項目加上 flag 字元 # 的效果是：當有必要時增加數值輸出的精度（這只需讓輸出的第 1 個數字為 0 就已經做到了）。這麼規定的意義在於，讓八進制數值輸出的格式與大多數 C 語言程式設計師慣用的形式一致。%#o 與 0%o 並不相同，因為 0%o 把數值 0 列印成 00，而 %#o 的列印結果是 0。同理，格式項目 %#x 與 %#X 要求列印出來的 16 進制數值前面分別加上 0x 或 0X。

flag 字元 # 對浮點數格式的影響有兩方面：其一，它要求小數點必須被列印出來，即使小數點後沒有數字也是如此；其二，如果用於 %g 或 %G 格式項目，列印出的數值尾綴的 0 將不會被去掉。例如：

```
printf("%.0f %#.0f %g %#g\n",
        3.0, 3.0, 3.0, 3.0);
```

將列印出：

```
3 3. 3 3.00000
```

除了 + 和空白字元，其餘的 flag 字元都是各自獨立的。

可變空間寬度與精度

在部分 C 語言程式中，某些字元陣列的長度被有意地定義為一個顯式常數（manifest constant）。如此一來，如果陣列長度有變動，就只需要變動一處即可。但是，在需要列印字元陣列的長度時，又只能在程式中把它寫成整數常數。（譯注：這種在程式中寫「死」的數字，一般稱為 magic number）於是，我們此前提到的那個例子，可能被寫成下面這樣：

```
#define NAMESIZE 14
char name[NAMESIZE];
. . .
printf("... %.14s ...", ..., name, ...);
```

這樣做實在是不智之舉。我們定義 NAMESIZE 的目的就是希望只需要在一處提及 14 這個數值。如果這樣寫，當我們變動 NAMESIZE 之後，還需要搜尋每個 printf 函數呼叫的地方去尋找要更改的數值，而這恰恰是最容易遺忘或忽視的地方。然而，我們又不能夠在 printf 函數呼叫中直接使用 NAMESIZE：

```
printf("... %.NAMESIZE ...", ... , name, ...);
```

這樣寫一點用處也沒有，因為預處理器的作用範圍不能到達字串的內部。

考慮到這些，printf 函數因此允許間接指定空間寬度和精度。要做到這點，我們只需使用 *（星號）來替換空間寬度修飾子或精度修飾子其中之一，或者兩者都替換。在這種情況下，printf 函數首先從參數列表中，取得將要使用的空間寬度或精度的實際數值，然後使用該數值來完成列印任務。因此，上面的例子可以寫成這樣：

```
printf("... %.*s ...", ... , NAMESIZE, name, ...);
```

如果我們使用 * 同時替換空間寬度修飾子與精度修飾子，那麼後面的參數列表中將依次出現代表空間寬度的參數、代表精度的參數以及代表要列印的值的參數。因此，

```
printf("%*.*s\n", 12, 5, str);
```

與下式完全等效

```
printf("%12.5s\n", str);
```

這個式子將列印出字串 str 的前 5 個字元（或者更少，如果 strlen(s) < 5），前面將填滿若干空白字元以達到總共列印 12 個字元的要求。下面這個例子鮮少有人能夠說明其涵義：

```
printf("%*%\n", n);
```

上式將在寬度為 n 個字元的空間內，以右端對齊的方式列印出一個%符號，換言之，就是先列印 n-1 個空白字元，後面再跟一個%符號。

如果 * 用於替換空間寬度修飾子，而與其對應參數的值為負數，那麼效果相當於把負號作為 -flag 字元來處理。因此，上例中如果 n 為負數，輸出結果首先是一個%符號，後面再跟 -n-1 個空格（譯注：原書為 1-n，疑此處有誤）。

新增的格式碼

ANSI C 標準的定義中新增了兩個格式碼：% p 和% n。%p 用於以某種形式列印一個指標，具體的形式與特定的 C 語言實作有關（譯注：一般是列印出該指標所指向的位址）。% n 用於指出已經列印的字元數，這個數被儲存在對應參數（一個整數型指標）所指向的整數中。執行完以下程式碼之後，

```
int n;
printf("hello\n%n", &n);
```

n 的值就是 6。

廢止的格式碼

隨著時間的推移，printf 函數的有些特性也逐漸消亡。但仍有一些 C 語言實作，對它們還提供支援。

% D 和 % O 格式項目曾經與 % ld 和 % lo 的涵義相同。不僅於此，% X 格式項目與 % lx 格式項目也一度有相同的涵義。後來人們考慮到，能夠以大寫字母列印 16 進制的數值這個特性要更為有用，因此 % X 的涵義就被改成了現在這個樣子。同時，% D 和 % O 格式項目也被廢止了。

過去，要列印一個數值並在它前面填滿 0，唯一的辦法就是使用 flag 字元 0。flag 字元 0 的作用是指定待列印的數值前應該填滿 0，而不是空白字元。因此，

```
printf("%06d %06d\n", -37, 37);
```

將列印出：

```
-00037 000037
```

然而，當我們要列印 16 進制的數值或希望左端對齊時，如果還採用這種定義方式，那麼各種因素交錯在一起就會得到相當「怪異」的結果。其實，我們完全可以採用一種更好的方式，即使用精度修飾子：

```
printf("%.6d %.6d\n", -37, 37);
```

將列印出：

```
-000037 000037
```

在大多數場合，我們都可以用 % . 來替換 % 0，效果也非常接近。

A.2 ｜使用 varargs.h 來實作可變參數列表

在編寫 C 語言程式的過程中，隨著程式規模的增大，程式設計師會經常感覺到有必要進行系統化的錯誤處理。最容易想到的方法，就是建立一個函數，不妨稱之為 error，其呼叫的參數順序與 printf 相同，因此，

```
error("%d is out of bounds", x);
```

就與下式等效

```
fprintf(stderr, "error: %d is out of bounds\n", x);
exit(1);
```

要實作這樣一個函數可以說是輕而易舉，只是有一個小細節「卡」住了我們：那就是 error 函數的參數數量與類型，在不同的呼叫間並非一成不變，而是像 printf 函數那樣可能隨呼叫的不同而變動。一個典型的解決之道是把 error 函數寫成像下面這樣，可惜這種做法並不正確：

```
void error(a, b, c, d, e, f, g, h, i, j, k)
{
    fprintf(stderr, "error: ");
    fprintf(stderr, a, b, c, d, e, f, g, h, i, j, k);
    fprintf(stderr, "\n");
    exit(1);
}
```

程式設計者的想法是透過函數 error 的參數列表，來搜集一組必要的資料，然後將其傳遞給 fprintf 函數。因為參數 a 到 k 並沒有宣告，所以它們預設為 int 類型。當然，error 函數至少包括了一個非 int 類型的參數（即格式字串）。因此，這個程式能否工作，就依賴於是否可以使用一組整數型參數來複製任意類型的數值。

在某些機型上，我們無法做到這點。即使我們可以做到，其效果也是有限的：如果 error 函數的參數足夠多（例如，超過上例中的 11 個），某些參數肯定要丟失。但是，既然 printf 函數能夠做得到，那麼必定存在一種辦法，可以傳遞可變參數列表給一個函數。

printf 函數的第 1 個參數必須是一個字串，我們可以透過檢查這個字串來得到其他參數的數量與類型（當然，假定對 printf 函數的呼叫是正確的）。這個事實，使得 printf 函數實作可變參數列表的難度大幅降低了。我們需要做的，就是找到 printf 函數用以存取變長參數列表的機制。

為便於 printf 函數的實作，這樣一種機制應該擁有以下特性：

- 只需要知道函數的第 1 個參數的類型，就可以對其進行存取。
- 一旦第 n 個參數被成功地存取，第 n+1 個參數就可以在僅知道類型的情況下進行存取。
- 按這種方式存取一個參數所需的時間不應太多。

需要特別注意的是，逆向存取參數，或者隨機存取參數，或者以任何非從頭到尾的順序方式來存取參數，都是不必要的。進一步來說，檢測參數列表是否結束通常既不必要，也不可能。

大多數 C 語言實作都是透過一組總稱為 varargs 的巨集定義來達到上述目的。這些巨集的確切性質雖然與特定的 C 語言實作有關，但是只要我們在程式中運用得當，還是能夠在相當多的機型上使用可變參數列表。

任何一個程式，只要用到 varargs 中的巨集，都應該像下面這樣：

```
#include <varargs.h>
```

以便在程式中把相關的巨集定義包括進來。varargs.h 標頭檔中定義了巨集名稱 va_list，va_dcl，va_start，va_end 以及 va_arg。va_alist 一般由程式設計者來定義，我們馬上將討論如何來做。這裡需要強調的是，應該避免混淆 va_list 與 va_alist。

任何一個 C 語言實作中，對於可變參數列表的第 n 個參數，在已知其類型的情況下，要對其進行存取還需要一些額外的資訊。這些資訊是透過已經可以存取的第 1 個參數到第 n-1 個參數而間接得到的，可以把它看做一個指向參數列表內部的指標。當然，在某些機型上具體的實作可能要複雜得多。

這些資訊儲存在一個類型為 va_list 的物件中。因此，當我們宣告了一個名稱為 ap 的類型為 va_list 的物件後，只需要給定 ap 與第 1 個參數的類型就可以確定第 1 個參數的值。

透過 va_list 存取一個參數之後，va_list 將被更新，指向參數列表中的下一個參數。

因為一個 va_list 中包括了存取全部參數的所有必要資訊，函數 f 可以為它的參數建立一個 va_list，然後把它傳遞給另一個函數 g。這樣，函數 g 就能夠存取到函數 f 的參數。

例如，在許多 C 語言實作中，printf 函數族中的三個函數（printf、fprintf 和 sprintf），它們都呼叫了一個公用的子函數。而對這個子函數來說，獲取它呼叫函數的參數就很重要。

被呼叫時帶有可變參數列表的函數，必須在函數定義的首部使用 va_alist 和 va_dcl 巨集。如以下所示：

```
#include <varargs.h>
void error (va_alist) va_dcl
```

巨集 va_alist 將擴展為特定 C 實作所要求的參數列表，這樣函數就能夠處理變長參數。而巨集 va_dcl 將擴展為與參數列表對應的宣告，必要時還包括一個作為語句結束標誌的分號。

我們的 error 函數必須建立一個 va_list 變數，把變數名稱傳遞給巨集 va_start 來初始化該變數。這樣一來，就可以逐一讀取 error 函數參數列表中的參數了。當程式不再用到參數列表中的參數時，我們必須以 va_list 變數名稱為參數來呼叫巨集 va_end，表示不再需要用到 va_list 變數了。

我們的 error 函數於是進一步擴展為：

```
#include <varargs.h>
void error (va_alist) va_dcl
{
    va_list ap;
    va_start(ap);
    // 這裡是使用 ap 的程式部分
    va_end(ap);
    // 這裡是不使用 ap 的其他程式部分
}
```

我們務必記住，在使用完 va_list 變數後一定要呼叫巨集 va_end。在大多數 C 語言實作上，呼叫 va_end 與否並無區別。但是，某些版本的 va_start 巨集為了方便對 va_list 進行巡訪，就對參數列表動態分配記憶體。這種 C 語言實作很可能會利用 va_end 巨集，來釋放之前動態分配的記憶體；如果忘記呼叫巨集 va_end，最後得到的程式可能在某些機型上沒有什麼問題，而在另一些機型上則發生「記憶體洩漏」。

巨集 va_arg 用於對一個參數進行存取。它的兩個參數分別為 va_list 變數名稱和希望存取的參數的資料類型。va_list 巨集將取得這個參數，並更新 va_list 變數，使其指向下一個參數。因此，我們的 error 函數現在看上去成了下面這個樣子：

```
#include <varargs.h>
void error (va_alist) va_dcl
{
    va_list ap;
    char *format;

    va_start(ap);
    format = va_arg(ap, char *);
    fprintf(stderr, "error: ");

    //(do something magic) // 某些實作方式暫時未知的工作

    va_end(ap);
    fprintf(stderr, "\n");
    exit(1);
}
```

現在我們暫時受阻了：沒有辦法讓 printf 函數接受一個 va_list 變數作為參數。我們又確實需要做到這點，正如「do something magic（某些實作方式暫時未知的工作）」的註解所表示的那樣，但是如何能做到呢？

幸運的是，ANSI C 標準要求，而且很多 C 語言實作也提供了，分別稱為 vprintf、vfprintf 和 vsprintf 的函數。這些函數與對應的 printf 函數族中的函數在行為方式上完全相同，只不過用 va_list 替換了格式字串後的參數序列。這些函數之所以能夠存在，理由有兩個：其一，va_list 變數可以作為參數傳遞；其二，va_arg 巨集可以獨立出現在一個函數中，並不強制要求與 va_start 巨集（該巨集的作用是初始化 va_list 變數）成對使用。

因此，error 函數的最終版本如以下所示：

```
#include <stdio.h>
#include <varargs.h>
void error (va_alist) va_dcl
{
    va_list ap;
    char *format;

    va_start(ap);
    format = va_arg(ap, char *);
    fprintf(stderr, "error: ");
    vfprintf(stderr, format, ap);
    va_end(ap);
    fprintf(stderr, "\n");
    exit(1);
}
```

下面還有一個例子，我們將示範利用 vprintf 來實作 printf 函數的一種可行方式。注意，不要忘記保存 vprintf 函數的結果，我們需要把這個結果返回給 printf 函數的呼叫者。

```
#include <varargs.h>

int printf(va_alist) va_dcl
{
    va_list ap;
```

```
    char *format;
    int n;

    va_start(ap);
    format = va_arg(ap, char *);
    n = vprintf(format, ap);
    va_end(ap);
    return n;
}
```

實作 varargs.h

varargs.h 的一個典型實作包括一組巨集，以及一個 va_list 的 typedef 宣告：

```
typedef char *va_list;
#define va_dcl int va_alist;
#define va_start(list) list = (char *)&va_alist
#define va_end(list)
#define va_arg(list,mode) \
        ((mode *) (list += sizeof(mode)))[-1]
```

我們首先注意到，在這個版本的 varargs.h 中，va_alist 甚至不是一個巨集：

```
#include <varargs.h>
void error (va_alist) va_dcl
```

將擴展為：

```
typedef char *va_list;
void error (va_alist) int va_alist;
```

因此，一個接受可變參數列表的函數表面上看來只有一個名稱為 va_alist 的 int 型參數。

這個例子實際上隱含了以下假定：底層的 C 語言實作要求函數參數在記憶體中連續儲存，這樣我們只需知道目前參數的位址，就能依次存取參數列表中的其他參數。因此，varargs.h 的這個實作中，va_list 就只是一個簡單的字元指標。巨集

va_start 把它的參數設置為 va_alist 的位址（為避免 lint 程式的警告，這裡做了類型轉換）。而巨集 va_end 則什麼也不做。

最複雜的巨集是 va_arg。它必須返回一個由 va_list 所指向的恰當類型的數值，同時遞增 va_list，使它指向參數列表中的下一個參數（即遞增的大小等於與 va_arg 巨集所返回的數值具有相同類型的物件的長度）。因為類型轉換的結果不能作為賦值運算的目標（譯注：即只能先賦值再作類型轉換，而不能先類型轉換再賦值），所以 va_arg 巨集首先使用 sizeof 來確定需要遞增的大小，然後直接把它加到 va_list 上，這樣得到的指標再被轉換為要求的類型。因為該指標現在指向的位置「過」了一個類型單位的大小，所以我們使用了索引 -1 來存取正確的返回參數。

這裡有一個「陷阱」需要避免：va_arg 巨集的第二個參數不能被指定為 char、short 或 float 類型。因為 char 和 short 類型的參數會被轉換為 int 類型，而 float 類型的參數會被轉換為 double 類型。如果錯誤地指定了，將會在程式中引起麻煩。

例如，這樣寫肯定是不對的：

```
c = va_arg(ap,char);
```

因為我們無法傳遞一個 char 類型參數，如果傳遞了，它將會被自動轉換為 int 類型。上面的式子應該寫成：

```
c = va_arg(ap,int);
```

另一方面，如果 cp 是一個字元指標，而我們又需要一個字元指標類型的參數，下面這樣寫就完全正確：

```
cp = va_arg(ap,char *);
```

當作為參數時，指標並不會被轉換，只有 char、short 和 float 類型的數值才會被轉換。

我們還應該注意到，不存在任何內建的方式來得知給定的參數數量。使用 varargs 系列巨集的每個程式，都有責任透過確立某種約束或慣例來標誌參數列表的結束。例如，printf 函數使用格式字串作為第一個參數，來確定其餘參數的數量與類型。

A.3 | stdarg.h：ANSI 版的 varargs.h

標頭檔 varargs.h 中系列巨集的歷史，最早可追溯到 1981 年，因此許多 C 語言實作都對其提供支援。然而，ANSI C 標準卻包括了另一種不同的機制（稱為 stdarg.h），來處理可變參數列表。

本書 7.1 節的討論，無論是對於 C 語言用戶還是實作者，在這裡仍然是適用的。在符合 ANSI C 標準的編譯器中包括 varargs.h 作為功能上的一種擴展，這是個不錯的主意，可以讓早期的程式繼續執行。因此，在程式設計實踐中，使用 varargs.h 的程式比使用 stdarg.h 的程式可移植性要強，能夠執行其上的系統平台也要多一些。但如果你要編寫一個遵循 ANSI C 標準的程式，就必須使用 stdarg.h，而且沒有別的選擇！這是一個讓人左右為難的情形，不管作出何種決定，都必須付出相應代價。

我們觀察到，具有可變參數列表的函數，它們的第 1 個參數的類型在每次呼叫時實際上都是不變的。varargs.h 和 stdarg.h 的主要區別就來自於這項事實。類似 printf 這樣的函數，可以透過檢查它的第 1 個參數，來確定它的第 2 個參數的類型。但是，從參數列表中我們卻不能找到任何資訊，用以確定第 1 個參數的類型。因此，使用 stdarg.h 的函數必須至少有一個固定類型的參數，後面可以跟一組未知數量、未知類型的參數。

作為一個現成的例子，讓我們再來看一下 error 函數。它的第 1 個參數就是 printf 函數中的格式字串，為字元指標類型。因此，error 函數可以如此宣告：

```
void error(char *, ...);
```

那麼 error 函數的定義又是怎樣呢？ stdarg.h 標頭檔中並沒有 varargs.h 中的 va_arg 和 va_dcl 巨集。使用 stdarg.h 的函數直接宣告其固定參數，把最後一個固定參數作為 va_start 巨集的參數，即以固定參數作為可變參數的基礎。因此，error 函數的定義如以下所示：

```
#include <stdio.h>
#include <stdarg.h>

void error(char *format, ...)
{
    va_list ap;
    va_start(ap, format);
    fprintf(stderr, "error: ");
    vfprintf(stderr, format, ap);
    va_end(ap);
    fprintf(stderr, "\n");
    exit(1);
}
```

本例中，我們無需使用 va_arg 巨集，因為此處格式字串屬於參數列表的固定部分。

作為另一個例子，下面示範了如何使用 stdarg.h 來編寫 printf（其中用到了 vprintf）：

```
#include <stdarg.h>

int
printf(char *format, ...)
{
    va_list ap;
    int n;

    va_start(ap,format);
    n = vprintf(format, ap);
    va_end(ap);
    return n;
}
```

Appendix

B

Koenig 和 Moo 夫婦訪談

作者：Andrew Koenig, Barbara Moo

採訪：王曦，孟岩

譯者：孟岩

【譯者注】 Andrew Koenig 和 Barbara Moo 夫婦是 C++ 領域內國際知名的技術專家、技術作家和教育家。最近，他們的幾部著名作品《*C++* 沉思錄 (*Ruminations on C++*)》，《*C Traps and Pitfalls* 中文版》和《*Accelerated C++* 中文版》即將問世。作為 C++ View 的成員和《*C++* 沉思錄》一書的技術審校，我與 C++ View 電子雜誌的主編王曦一起對 Koenig 夫婦進行了一次 E-mail 採訪。下面是這次採訪的中文譯稿。

【Koenig 的悄悄話】 你們問的問題，我們已經答覆如下：大部分問題，我們都是個別回答的，有些問題我們兩個一起回答。我們是在尼亞加拉瀑布度假期間完成這次採訪的，我腦子裡一直在想，要對我們的讀者說些什麼好呢？這事想得我頭疼。也許結束度假之後，我們能說得更好些。

提問： 請向我們介紹你們自己的一些情況好嗎？「Koenig」是個德國姓嗎？怎麼發音呢？「Moo」呢？

Koenig：「Koenig」是一個很常見的德國姓，在德文裡寫成「König」，意義是「國王（king）」。不過我的情況很特殊。我祖上是波蘭和烏克蘭人，不是德國人。這個名字其實是一個長長的波蘭姓氏的縮寫。我讀自己名字的時候，重音放在前面的音節，整體的音韻類似「go」的發音。而一些與我同名的人發音時，第一個音節的音韻類似「way」的發音，我們家裡人從來不這麼說。

Moo：談到我這個姓氏，最重要的一點就是，其發音跟牛叫的聲音一模一樣——當我還是孩子的時候，小夥伴們經常模仿牛叫聲來取笑我。我父輩從斯堪迪納維亞移民來美國，這個姓是個挪威姓。我在自己的 C++ 技術生涯中最快樂的時刻之一，就是在遇到 Simula 陣營裡的 Kristen Nygaard 時，他告訴了我這個姓氏的起源。他說這個姓氏多少反映了我祖先居住的地方—— Moo 是一個很少見的挪威姓氏，其意義是「荒蕪的平原」，既不是亞歐大陸上那種一望無際、水草豐茂的大草原，也不是沙漠。我想不是個很浪漫的姓氏，不過能夠跟祖先聯繫起來，還是很有趣的。

提問：Stanley Lippman 在 Inside the C++ Object Model 一書中提到了貝爾實驗室的 Foundation 專案，他這麼說：「這是一個很令人激動的專案，不僅僅因為我們所作的事情令人激動，而且我們的團隊同樣令人激動：Bjarne, Andy Koenig, Rob Murray, Martin Carroll, Judy Ward, Steve Buroff, Peter Juhl, 當然還有我自己。除了 Bjarne 和 Andy 之外所有的人都歸 Barbara Moo 管理。她經常說，管理一個軟體開發團隊，就像放牧一群驕傲的貓。」請問，這段與 Bjarne 和其他人共事的日子，對你們二位而言真的那麼美好嗎？

Koenig：那一段日子在我看來，不過是我長達 15 年 C++ 生涯中的一部分，而 Foundation 專案裡的人，也只不過是一個更大社群中的一部分。當時我已經開始在標準委員會中展開工作，所以我不僅要與同一屋簷下的人討論，還要經常與全世界各地的數十位 C++ 程式設計師互相交流。

Moo：我倒是更喜歡當年圍繞 Cfront 的那段工作經歷，Cfront 是最早的 C++ 編譯器，那是一個偉大的團隊，而且我們處於一個新語言的創造中心，一種新的、更好的工作方法的創造中心。那是一段令人激動的時光，我將永遠保存在記憶裡。

提問：作為 C++ 標準委員會的專案編輯，哪件事情最令您激動？我們都知道，是您鼓勵 Alex Stepanov 向標準委員會提交 STL，並建議將其併入標準庫。關於這個傳奇故事，您還能向我們透露一些細節嗎？

Koenig：那次 Barbara 和我跑到位於加州保羅阿爾托的斯坦福大學去教授一星期的 C++ 課。當時 Alex Stepanov 在惠普實驗室工作，也在保羅阿爾托，我們以前在 AT&T 共事過，所以對他以前的工作有所瞭解。很自然的，我們邀請他共進午餐。席間他非常興奮地提起他和他的同事正在開發的一個 C++ 函數庫。

不久之後，標準委員會在聖何塞開會，那裡距離保羅阿爾托只有不到一小時車程。我覺得 Alex 的想法實在很有意思，就邀請他給標準委員會的成員講了一課。我們都覺得，當時標準化的工作已經十分接近完成，他的工作不可能對標準構成什麼影響。但是，我們至少應該讓委員會成員知道它的存在，起碼以後我們可以說 STL 是被拒了，而不是我們孤陋寡聞，導致了遺珠之憾。

那次交流會是我所參加過的技術報告中最令人激動的幾個之一。在長長的一天之後，會議接近結束的時候，一半人已經疲憊不堪——可是 Alex 的精力極其充沛，而且他的思想如此先進，大幅超越我們以前見過的任何東西。因此，當會議快結束時，委員們開始認真地討論，是否應該將這個函數庫併入 C++ 標準。

當然，後來這個函數庫就被漸漸納入標準，但其實際過程還是相當驚險的。有好幾次非常重要的投票，都可以把它扼殺掉。有一次，程式庫子委員會甚至決定投票拒絕考慮 Alex 的建議，幸好我即時指出，我們通常的議事規程是，先解決舊的議題，然後再考慮新的議題，就算是準備拒絕建議，也不應該違例。我們圍繞 Alex 的建議展開了大量的討論，最後，終於有足夠多的人改變了主意，促使委員會逐漸接受了它。

提問：你們二位對於現在的 C++ 教育狀況怎麼看？我們是否應該更加重視標準庫教育，而不是語言細節的教育？或者你們有別的看法？

Koenig：目前 C++ 的教育狀況實在太糟糕了。很多所謂的 C++ 教材不過是 C 語言書，只是在結尾貼上一點點 C++ 的材料而已。結果呢，他們告訴讀者字串乃是固定長度的字元陣列，應該用標準庫中的 strcpy 和 strcmp 來操作。一個程式設計師一旦在一開始掌握了這些東西，就會根深蒂固，多年揮之不去。

就其本身而言，C++ 是一種非常低階的語言。唯有利用函數庫，才能寫出高階層次的程式來。初學者還不能自己建構函數庫，所以他們要嘛用現成的標準庫，要嘛自己去寫低層次的程式。確實有不少程式應該用低層次技術來建構，但是對於初學者不合適。

Moo：當然是函數庫優於語言細節。兩個原因：首先，學生們可以不必費力包裝低層次的語言細節，進而更容易建立整體語言的全域觀念，瞭解到其真實威力。根據我們的經驗，學生們首先掌握如何使用程式庫之後，就會很容易理解類別的概念，學會如何建構類別的技術。如果首先去學習語言細節，那麼就很難理解類別的概念及其功能。這種理解上的缺陷，使他們很難設計和建構自己的類別。

不過更重要的一點是，首先學習程式庫，能夠使學生培養起良好的習慣，就是重用函數庫程式碼，而不是凡事自己動手。首先學習語言細節的學生，最後的程式設計風格往往是 C 語言類型的，而不是 C++。他們不會充分地運用函數庫，而自己的程式帶有嚴重的 C 語言主義傾向——指標滿天飛，整個程式都是低層次的。結果是，在很多情況下，你為 C++ 的複雜性付出了高昂代價，卻沒有從中獲得任何好處。

提問：在《*C++* 沉思錄》中，你們提到：「C++ 希望面對把實用性放在首位的社群」。不過在實踐中，很多程式設計師都在抱怨，要形成一個好的 C++ 設計實在是太難了，他們覺得 Java 甚至老式的 C 語言都比 C++ 更為實用。這種看法有什麼錯誤嗎？你們對奉行實用主義的 C++ 程式設計師有何建議？

Koenig：你們有沒有類似這樣的諺語：「笨拙的工匠，總是責怪自己的工具」？還有一句，「當你手裡拿著錘子的時候，整個世界都成了釘子」。

程式設計問題彼此不同。在我看來，就一個問題產生良好的設計方案的途徑，就是使用一種允許你進行各種設計的工具。這樣一來，你就可以選擇最適合該問題的設計方案。如果你選擇了這樣的工具，那麼你就必須負責選擇合適的設計方案。

Moo：關於這個問題，我想用一個專案的實例來說明，那時 AT&T 最早採用 C++ 開發的專案之一。他們在寫一個已經建成的系統的第二版，所以認為對問題領域已經有足夠深入的瞭解。他們估計學習 C++ 是整個工作中比較困難的一部分。然而實際上，他們在開發中發現，他們對問題領域並沒有很好的理解。於是花費了大量的時間來形成正確的抽象。設計是很困難的，語言問題相對容易得多。我們相信，C++ 在執行時性能上做了一個很好的折衷，能夠在「一切都是物件」的語言與「避免任何抽象」的語言之間取得恰到好處的平衡。這就是 C++ 的實用性。

提問：有一點看起來你們與幾乎所有的 C++ 技術作家意見不同。其他人都高聲宣揚，物件導向程式設計乃是 C++ 最重要的一環。而你們認為模板才是最重要的。我仔細閱讀了《*C++ 沉思錄*》中有關 OOP 的章節，發現你們所提供的幾個例子和解決方案在某些方面是很相似的。你們是否認為所有「良好」的物件導向解決方案都具有某種共同的特質？是否在很多情況下，OO 都不如其他的風格？為什麼認為「根據物件」和「根據模板」的抽象機制優先於物件導向抽象機制？

Koenig：所謂物件導向程式設計，就是使用繼承和動態綁定機制程式設計。如果你知道有一個很好的程式使用了繼承和動態綁定，你能做出怎樣的推斷？在我們看來，這意謂著該程式中有兩個或兩個以上的類型，至少有一個共同的操作，也至少有一個不同的操作。否則，就不需要繼承機制。此外，程式中必然有一個場景，需要在執行時從這些類型中挑選出一個，否則就不需要動態綁定機制。再考慮到，我們所舉的例子必須足夠短小精悍，能夠放在一本書裡，還不能讓讀者煩心，所以對我們來說，很難在所有這些限制條件下想出很多不同的程式範例。

某些物件導向程式語言，如 Python，其所有類型都是動態的，那麼技術書籍的作者就不會面對這樣的問題。例如，C++ 中的容器類別大多數用模板寫成，因其可以容納毫無共同之處的物件，所以要求元素類型必須是某個共同基底類別的衍生類別沒有道理。然而，在 Python 中，容器類別中本來就可以放置任何物件，所以類似模板那樣的類型機制就不必要了。

所以，我認為你所看到的問題，其實是因為很難找到又小又好的物件導向程式來做範例，才會產生的。而且，對於其他語言必須勞煩動態類型才能解決的問題，C++ 能夠使用模板來高效率地解決。

Moo：我同意，我們寫的東西讓你很容易地得出上述結論。但是在這個特例裡，我不認為我們所寫的東西代表了我們的全部觀點。我們針對 C++ 寫了很多的介紹性和提升性的材料。在這本書裡，「根據物件設計」中的抽象機制就已經很難掌握了，而又必須在介紹物件導向方法之前講清楚。所以，我們所寫的東西實際上是想示範我們這樣的觀點：除非你首先掌握了建構良好類別的技術，否則急急忙忙去研究繼承就是揠苗助長。

另一個因素是，我們希望用例子來推展我們的教學。若要示範良好的物件導向設計，問題可能會變得很複雜。這種例子沒辦法很快掌握，也不適合那本書的風格。

提問：如果說我只能記住你的一句話，那一定是這句：「用類別來表示概念」。你在《*C++* 沉思錄》這本書裡，反覆強調這句話，給我留下極其深刻的印象。假設我能再記住一句話，你們覺得應該是什麼？

Koenig & Moo：避免重覆。如果你發現自己在程式的兩個不同部分裡做了相同的事情，試著把這兩個部分合併到一個子程式中。如果你發現兩個類別的行為相近，試著把這兩個類別的相似部分統一到基底類別或模板裡。

提問：你們在《*C++* 沉思錄》中有兩句名言：「類別設計就是語言設計，語言設計就是類別設計。」你們對 C++ 標準庫的未來如何看待？人們是應該開發更多的實用元件，例如 boost::thread 和 regex++，還是繼續激進前行，支援不同的風格，像 boost::lambda 和 boost::mpl 所做的那樣？

Koenig：我覺得現在回答這個問題還為時尚早。從根本上來說，C++ 語言反映了其社群的狀況，而目前整個社群裡各種聲音都有。我看還需要一段時間才能達成共識，確定發展的方向。

提問：有時，編寫平台無關的 C++ 程式比較困難，而且開發效率也不能滿足需求。您是否認為把 C++ 與其他的語言，尤其類似 Python 和 TCL/TK 那樣的腳本語言合併使用是個好主意？

Koenig：是的。我最近在學習 Python，得出的看法是，Python 和 C++ 構成了完美的一對組合。Python 程式比相應的 C++ 程式短小精悍，而 C++ 程式則比 Python 快得多。因此，我們可以用 C++ 來建構那些對性能要求很高的部分，然後用 Python 把它們黏在一起。Boost 中的一個作者 Dave Abrahams 寫了一個很不錯的 C++ 函數庫，優秀地處理了 C++ 與 Python 的介面問題，我認為這是一個好的想法。

提問：你們的著名作品《*C Traps and Pitfalls 中文版*》，《*C++ 沉思錄*》和 Accelerated C++ 中文版即將問世。想對你們的讀者說些什麼？

Koenig & Moo：我們應該保持謙虛，有很多人已經從我們的書中學到了一些東西。我們很高興將會有一個很大的群體成為我們讀者群的一部分，希望你們從書中有所收穫。

提問：最後一個問題，我們都希望成為更好的 C++ 程式設計師。請給我們三個你們認為最重要的建議，好嗎？

Koenig & Moo：

1. 避免使用指標；
2. 提倡使用程式庫；
3. 使用類別來表示概念 ☺